Ein Beitrag zur Meßdatenverarbeitung in der Koordinatenmeßtechnik

Von der Fakultät Konstruktions- und Fertigungstechnik der Universität Stuttgart zur Erlangung der Würde eines Doktor-Ingenieurs (Dr.-Ing.) genehmigte Abhandlung

Vorgelegt von Thomas Garbrecht
aus Hamburg

Hauptberichter: Prof. Dr.-Ing. H.-J. Warnecke
Mitberichter: Prof. Dr.-Ing. G. Lechner

Tag der mündlichen Prüfung: 21. März 1991

Institut für Industrielle Fertigung und Fabrikbetrieb der Universität Stuttgart

1991

Thomas Garbrecht

Ein Beitrag zur Meßdatenverarbeitung in der Koordinatenmeßtechnik

Mit 94 Abbildungen und 5 Tabellen

Springer-Verlag
Berlin Heidelberg New York
London Paris Tokyo
Hong Kong Barcelona 1991

Dipl.-Ing. Thomas Garbrecht
Fraunhofer-Institut für Produktionstechnik und Automatisierung (IPA), Stuttgart

Prof. Dr.-Ing. Dr. h. c. Dr.-Ing. E. h. H. J. Warnecke
o. Professor an der Universität Stuttgart
Fraunhofer-Institut für Produktionstechnik und Automatisierung (IPA), Stuttgart

Prof. Dr.-Ing. habil. H.-J. Bullinger
o. Professor an der Universität Stuttgart
Fraunhofer-Institut für Arbeitswirtschaft und Organisation (IAO), Stuttgart

D 93

ISBN-13: 978-3-540-55030-3   e-ISBN-13: 978-3-642-47945-8
DOI: 10.1007/978-3-642-47945-8

Dieses Werk ist urheberrechtlich geschützt. Die dadurch begründeten Rechte, insbesondere die der Übersetzung, des Nachdrucks, des Vortrags, der Entnahme von Abbildungen und Tabellen, der Funksendung, der Mikroverfilmung oder der Vervielfältigung auf anderen Wegen und der Speicherung in Datenverarbeitungsanlagen, bleiben, auch bei nur auszugsweiser Verwertung, vorbehalten. Eine Vervielfältigung dieses Werkes oder von Teilen dieses Werkes ist auch im Einzelfall nur in den Grenzen der gesetzlichen Bestimmungen des Urheberrechtsgesetzes der Bundesrepublik Deutschland vom 9. September 1965 in der jeweils gültigen Fassung zulässig. Sie ist grundsätzlich vergütungspflichtig. Zuwiderhandlungen unterliegen den Strafbestimmungen des Urheberrechtsgesetzes.
© Springer-Verlag, Berlin, Heidelberg 1991.

Die Wiedergabe von Gebrauchsnamen, Handelsnamen, Warenbezeichnungen usw. in diesem Werk berechtigt auch ohne besondere Kennzeichnung nicht zu der Annahme, daß solche Namen im Sinne der Warenzeichen- und Markenschutz-Gesetzgebung als frei zu betrachten wären und daher von jedermann benutzt werden dürften.

Sollte in diesem Werk direkt oder indirekt auf Gesetze, Vorschriften oder Richtlinien (z. B. DIN, VDI, VDE) Bezug genommen oder aus ihnen zitiert worden sein, so kann der Verlag keine Gewähr für Richtigkeit, Vollständigkeit oder Aktualität übernehmen. Es empfiehlt sich, gegebenenfalls für die eigenen Arbeiten die vollständigen Vorschriften oder Richtlinien in der jeweils gültigen Fassung hinzuzuziehen.

Gesamtherstellung: Copydruck GmbH, Heimsheim
62/3020—543210

Geleitwort der Herausgeber

Futuristische Bilder werden heute entworfen:

o Roboter bauen Roboter,

o Breitbandinformationssysteme transferieren riesige Datenmengen in Sekunden um die ganze Welt.

Von der "menschenleeren Fabrik" wird da gesprochen und vom "papierlosen Büro". Wörtlich genommen muß man beides als Utopie bezeichnen, aber der Entwicklungstrend geht sicher zur "automatischen Fertigung" und zum "rechnerunterstützten Büro". Forschung bedarf der Perspektive, Forschung benötigt aber auch die Rückkopplung zur Praxis - insbesondere im Bereich der Produktionstechnik und der Arbeitswissenschaft.

Für eine Industriegesellschaft hat die Produktionstechnik eine Schlüsselstellung. Mechanisierung und Automatisierung haben es uns in den letzten Jahren erlaubt, die Produktivität unserer Wirtschaft ständig zu verbessern. In der Vergangenheit stand dabei die Leistungssteigerung einzelner Maschinen und Verfahren im Vordergrund. Heute wissen wir, daß wir das Zusammenspiel der verschiedenen Unternehmensbereiche stärker beachten müssen. In der Fertigung selbst konzipieren wir flexible Fertigungssysteme, die viele verkettete Einzelmaschinen beinhalten. Dort, wo es Produkt und Produktionsprogramm zulassen, denken wir intensiv über die Verknüpfung von Konstruktion, Arbeitsvorbereitung, Fertigung und Qualitätskontrolle nach. Rechnerunterstützte Informationssysteme helfen dabei und sollen zum CIM (Computer Integrated Manufacturing) führen und CAD (Computer Aided Design) und CAM (Computer Aided Manufacturing) vereinen. Auch die Büroarbeit wird neu durchdacht und mit Hilfe vernetzter Computersysteme teilweise automatisiert und mit den anderen Unternehmensfunktionen verbunden. Information ist zu einem Produktionsfaktor geworden, und die Art und Weise, wie man damit umgeht, wird mit über den Unternehmenserfolg entscheiden.

Der Erfolg in unseren Unternehmen hängt auch in der Zukunft entscheidend von den dort arbeitenden Menschen ab. Rationalisierung und Automatisierung müssen deshalb im Zusammenhang mit Fragen der Arbeitsgestaltung betrieben werden, unter Berücksichtigung der Bedürfnisse der Mitarbeiter und unter Beachtung der erforderlichen Qualifikationen. Investitionen in Maschinen und Anlagen müssen deshalb in der Produktion wie im Büro durch Investitionen in die Qualifikation der Mitarbeiter begleitet werden. Bereits im Planungsstadium müssen Technik, Organisation und Soziales integrativ betrachtet und mit gleichrangigen Gestaltungszielen belegt werden.

Von wissenschaftlicher Seite muß dieses Bemühen durch die Entwicklung von Methoden und Vorgehensweisen zur systematischen Analyse und Verbesserung des Systems Produktionsbetrieb einschließlich der erforderlichen Dienstleistungsfunktionen unterstützt werden. Die Ingenieure sind hier gefordert, in enger Zusammenarbeit mit anderen Disziplinen, z. B. der Informatik, der Wirtschaftswissenschaften und der Arbeitswissenschaft, Lösungen zu erarbeiten, die den veränderten Randbedingungen Rechnung tragen.

Beispielhaft sei hier an den großen Bereich der Informationsverarbeitung im Betrieb erinnert, der von der Angebotserstellung über Konstruktion und Arbeitsvorbereitung, bis hin zur Fertigungssteuerung und Qualitätskontrolle reicht. Beim Materialfluß geht es um die richtige Auswahl und den Einsatz von Fördermitteln sowie Anordnung und Ausstattung von Lagern. Große Aufmerksamkeit wird in nächster Zukunft auch der weiteren Automatisierung der Handhabung von Werkstücken und Werkzeugen sowie der Montage von Produkten geschenkt werden.

Von der Forschung muß in diesem Zusammenhang ein Beitrag zum Einsatz fortschrittlicher intelligenter Computersysteme erfolgen. Planungsprozesse müssen durch Softwaresysteme unterstützt und Arbeitsbedingungen wissenschaftlich analysiert und neu gestaltet werden.

Die von den Herausgebern geleiteten Institute, das

- Institut für Industrielle Fertigung und Fabrikbetrieb der Universität Stuttgart (IFF),

- Fraunhofer-Institut für Produktionstechnik und Automatisierung (IPA),

- Fraunhofer-Institut für Arbeitswirtschaft und Organisation (IAO)

arbeiten in grundlegender und angewandter Forschung intensiv an den oben aufgezeigten Entwicklungen mit. Die Ausstattung der Labors und die Qualifikation der Mitarbeiter haben bereits in der Vergangenheit zu Forschungsergebnissen geführt, die für die Praxis von großem Wert waren. Zur Umsetzung gewonnener Erkenntnisse wird die Schriftenreihe "IPA-IAO - Forschung und Praxis" herausgegeben. Der vorliegende Band setzt diese Reihe fort. Eine Übersicht über bisher erschienene Titel wird am Schluß dieses Buches gegeben.

Dem Verfasser sei für die geleistete Arbeit gedankt, dem Springer-Verlag für die Aufnahme dieser Schriftenreihe in seine Angebotspalette und der Druckerei für saubere und zügige Ausführung. Möge das Buch von der Fachwelt gut aufgenommen werden.

H. J. Warnecke · H.-J. Bullinger

Vorwort

Die vorliegende Arbeit entstand während meiner Tätigkeit als wissenschaftlicher Mitarbeiter am Fraunhofer Institut für Produktionstechnik und Automatisierung (IPA), Stuttgart.

Herrn Prof. Dr.-Ing. Dr.h.c. Dr.-Ing.E.h. H.-J. Warnecke danke ich für die großzügige Unterstützung und Förderung, welche die Durchführung dieser Arbeit ermöglichte.

Herrn Prof. Dr.-Ing. G. Lechner danke ich für die eingehende Durchsicht der Arbeit und die Hinweise, die sich daraus ergaben.

Darüberhinaus danke ich allen Mitarbeitern des Instituts, die mich durch ihre anregende Kritik und ihre Hilfsbereitschaft unterstützt haben. Mein besonderer Dank gilt den Herren Dr. K. Melchior, Dr. M. Rueff, Dipl.-Ing. H. Kampa, Dipl.-Ing. W. Steger, Frau Dipl.-Math. U. Hoppe, Frau Dipl.-Math. S. Roth, Herrn Dipl.-Ing. Th. Haller und Herrn R. Flammer.

Abschließend möchte ich Herrn Dr.-Ing. K.-H. Hirschmann vom Institut für Maschinenelemente und Gestaltungslehre und meinem Vater, Herrn Dipl.-Ing. F. Garbrecht, für die wertvollen Ratschläge sehr herzlich danken.

Stuttgart, 1991   Thomas Garbrecht

Inhaltsverzeichnis

Seite

0	Abkürzungen		12
1	Einleitung		13
	1.1	Ausgangssituation	13
	1.2	Gegenstand der Arbeit	17
2	Meßdatenverdichtung und Ausgleichsrechnung in der Koordinatenmeßtechnik		19
3	Abweichungen der Ersatzgestalt vom Sollwert		26
	3.1	Abweichungen infolge von Auswerteverfahren	26
	3.2	Abweichungen infolge von Fertigungsverfahren	27
	3.3	Abweichungen als Ursache des Meßvorgangs	30
4	Statistische Auswertung		32
	4.1	Bewertung von Meßergebnissen	32
	4.1.1	Unsicherheit der Meßwerte und deren Einfluß auf die Verknüpfungselemente	32
	4.1.2	Vertrauensbereich für die Formabweichung bei Annahme einer Normalverteilung der Meßpunktkoordinaten	35
	4.2	Ermittlung der Vertrauensbereiche für die charakteristischen Daten über Meßsimulationen	36
	4.2.1	Meßdatengenerierung für Simulationsrechnungen	37
	4.2.2	Statistische Ermittlung der Form- und Lageparameter	38

5	**Standardformelemente**	41
5.1	Verfahren zur Berechnung von Formelementen	41
5.1.1	Allgemeines Lösungsprinzip nach Gauß	42
5.1.2	Linearisierte Gleichung zur Berechnung charakteristischer Zylinderdaten	43
5.1.3	Linearisierte Gleichung zur Berechnung charakteristischer Kegeldaten	50
5.2	Meßstrategien zur Digitalisierung von Standardformelementen	56
5.3	Abhängigkeit des Meßergebnisses von einer nur partiell erfaßbaren Formfläche	58
5.3.1	Auswirkungen der Oberflächeneinschränkung auf das Meßergebnis beim Zylinder	58
5.3.2	Auswirkung der Oberflächeneinschränkung auf das Meßergebnis beim Kegel	66
5.4	Zusammenfassende Bemerkung zur Meßerfassung von Standardformelementen	73
6	**Freiformflächen**	80
6.1	Ausgewählte Verfahren zur Berechnung von Freiformflächen	81
6.1.1	Flächenberechnung mit dem Verfahren nach Bezier	86
6.1.2	Berechnung von Flächen mit B-Splines	93
6.1.3	Flächenbestimmung mit lokal interpolierenden Splines (LIS)	101
6.2	Aufgaben der Meßtechnik im Zusammenhang mit Freiformflächen	107
6.3	Untersuchungen zur Flächenabbildung	109
6.3.1	Approximierende und interpolierende Verfahren	109
6.3.2	Einfluß der Punktmenge und -lage auf die Flächenbildung	113

6.4	Anforderung an ein Meßmodul zur Erfassung frei geformter Flächen	117
6.5	Anforderungen an die Meßdatendarstellung während und nach dem Meßvorgang	118
6.6	Konzept und Realisierung eines Meßmoduls für Freiformflächen	119
6.7	Praktische Durchführung der Flächenerfassung	122
6.7.1	Randkurvenmessung	122
6.7.2	Aufnahme von Meßdaten innerhalb der Berandung	123
6.7.3	Aufbereitung der Daten	124
6.7.4	Tasterradiuskorrektur	125
6.8	Zusammenfassende Bemerkungen zur Freiformflächenmessung	127
7	Zusammenfassung	129
8	Literaturverzeichnis	131

0 Abkürzungen und Schreibweise

In der vorliegenden Arbeit wird folgende Schreibweise verwendet:

$\underline{\underline{A}}$ Matrizen werden durch große lateinische Buchstaben dargestellt, die zweifach unterstrichen sind.

$a_{i,j}$ Matrixelemente sind durch kleine, zweifach indizierte lateinische Buchstaben gekennzeichnet

$\underline{b}$ Geometrische Vektoren werden durch kleine lateinische, einmal unterstrichene Buchstaben dargestellt.

$\underline{\Phi}$ Die beschreibenden Daten (charakteristische Daten) der Formelemente Zylinder und Kegel werden in diesem Vektor aufgeführt.

s,t   Parameter einer Fläche

P_i Koordinate (z.B. X-Koordinate) des i-ten Meßpunktes einer Kurve

$P_{i,j}$ Koordinate (z.B. X-Koordinate) des Flächenpunktes Nr. i in s- und Nr. j in t-Parameterrichtung

R   Radius

r   Abstand eines Punktes zur zugehörigen Oberfläche

α Winkel sind durch kleine griechische Buchstaben dargestellt

Ω Minimierungsfunktion

1 Einleitung

1.1 Ausgangssituation

Rechnergestützte Koordinatenmeßgeräte (KMG) dienen in der Fertigungsmeßtechnik der Überwachung von Maß und Form eines Werkstücks. Mit ihnen soll durch eine hinreichende Zahl geeigneter Meßpunkte die tatsächliche Geometrie erfaßt und gegebenenfalls mit einer Sollgeometrie verglichen werden. Dieses Meßmittel ist im Gegensatz zu Prüflehren für viele geometrische Formen eher geeignet und erlaubt auch die Prüfung von komplizierten Werkstücken in einer Aufspannung. Die Automatisierung der Werkstückprüfung konnte durch CNC-gesteuerte KMG bereits erreicht werden.

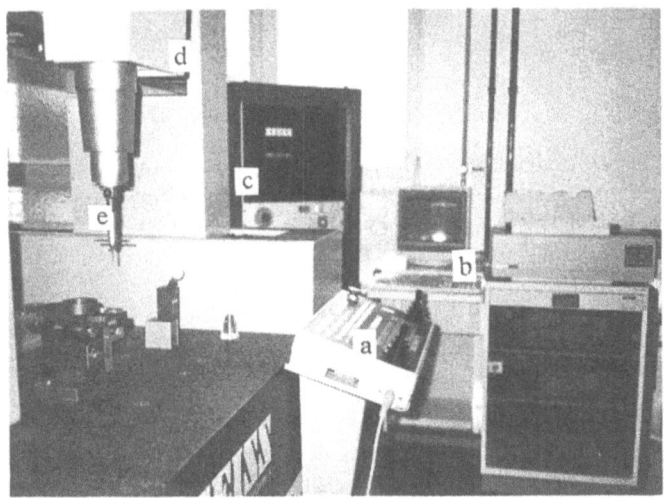

Bild 1.1: CNC-gesteuertes Koordinatenmeßgerät bestehend aus Bedienpult (a), Bedienterminal (b), Steuerschrank (c), mechanischer Geräteaufbau (d), Tastsystem (e)

Koordinatenmeßgeräte werden zunehmend zur Form- und Lageprüfung genutzt. Sie ersetzen teilweise spezielle Formprüfeinrichtungen, vor allem dann, wenn sich die Investition solcher Geräte wegen ihrer zu geringen Auslastung nicht lohnt. Sie bieten weiterhin die Möglichkeit besondere Probleme der Form- und Lageprüfung zu lösen, die mit konventionellen Meßmitteln nicht bewältigbar sind. Dies gilt vor allem für die Prüfung von Ausschnitten eines Formelementes, z.B. einer Lagerschale, sowie im besonderen für die Prüfung von unterbrochenen Oberflächen, z.B. Kolben mit Nuten und Bohrungen; genannte Beispiele können mit einem üblichen Rundheitsprüfgerät nicht gelöst werden (Bild 1.2).

Bild 1.2: Lagerschalen und Ausgleichsgewicht mit nur unvollständig ausgebildeten Zylinderformelementen

Neben der Möglichkeit, Geometrieelemente nach DIN 7184, Teil 1, zu messen, können mit KMGs Formprüfungen an beliebig gekrümmten Kurven durchgeführt werden. Bislang steht hierzu allerdings nur in geringem Umfang Auswertesoftware seitens der Hersteller von KMGs zur Verfügung.

Die Konstruktions- und Fertigungssmöglichkeit beliebig gekrümmter Flächen im Raum mittels CAD/CAM-Technik verstärkt den Wunsch, die hergestellten Körper auch meßtechnisch zu erfassen und zu prüfen; derzeit werden Teillösungen andiskutiert, die die Eigenschaften von CAD-Systemen nutzen (Bild 1.3).

Im allgemeinen versucht man mit konventionellen Meßgeräten, gemäß dem Taylor'schen Grundsatz, die Form eines Körpers in ihrer Gesamtheit zu erfassen. Koordinatenmeßgeräte hingegen ermöglichen nur die Erfassung einzelner Meßpunkte. Hierzu wird ein berührungsempfindlicher oder alternativ ein optischer Sensor entlang dreier Koordinatenachsen verfahren. Die meist orthogonalen Achsen sind durch den jeweiligen Geräteaufbau vorgegeben und stellen einen Vergleichskörper dar. Die Positionserfassung erfolgt im mechanischen Fall durch Ablesen der Gerätemaßstäbe bei Berührung des Sensors mit der Werkstückoberfläche; bei optischen Sensoren werden Intensitätsänderungen des Lichts, verursacht durch Änderung in der Geometrie des Prüflings, zur Positionsbestimmung genutzt.

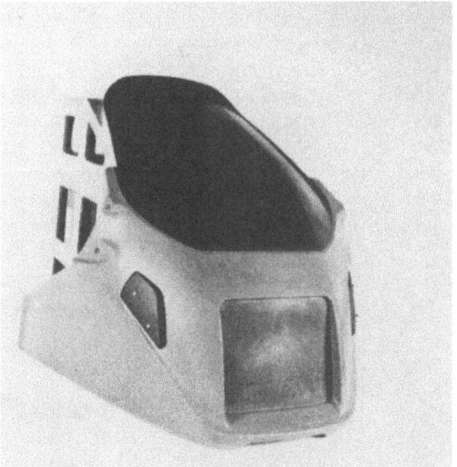

Bild 1.3: Freiformmodell einer Motoradverkleidung (Quelle: Beuttenmüller)

Das so ermittelte Ergebnis einer Messung ist ein Koordinatentripel, welches den angetasteten Raumpunkt innerhalb des Maschinensystems beschreibt. Mehrere Messungen führen demzufolge zu Punktwolken mit unabhängigen, noch unkorrelierten Meßpunkten. Erst eine Verknüpfung vieler Meßpunkte unter geeigneten Annahmen über die zu erwartende Form ermöglicht eine Datenreduktion auf wenige, die Form beschreibende Elemente.

Für diese Datenverdichtung ist von Vorteil, daß man bei Fragestellungen in der Fertigungsmeßtechnik ein a priori Wissen über die Form des Werkstücks besitzt. Es wird innerhalb gewisser Toleranzen der Sollform gleichen.

Die ideale Sollform wird zu Grunde gelegt und davon ausgehend ein hinreichender Satz von Meßpunkten zur Bestimmung der Form und der Lage des zu prüfenden Werkstücks definiert.

Die optimale Wahl der Zahl und der Verteilung dieser Meßpunkte setzt die Kenntnis der analytischen Beschreibung der Sollform voraus. Die analytische Form gibt auch an, wieviel Meßpunkte mindestens notwendig sind, um einen realen Körper auf sie abzubilden

Weiter ist zu berücksichtigen, daß jede Messung mit Fehlern behaftet ist. Die tatsächliche Form eines Werkstücks weicht auf Grund dieser Fehler mehr oder weniger von der aus diesen Meßwerten rekonstruierten Form ab.

Hinzu kommt, daß es in der realen Fertigung nicht möglich ist, ein mathematisch exaktes Formelement herzustellen. Jede Koordinate der Körperbegrenzung stimmt mal stärker und mal weniger stark mit der des idealen Elements überein. Dem idealen Element sind somit auch noch Fertigungsfehler überlagert. Bild 1.4 zeigt, durch welche Fehler sich ein analytischer Sollkreis von einem gefertigten unterscheidet.

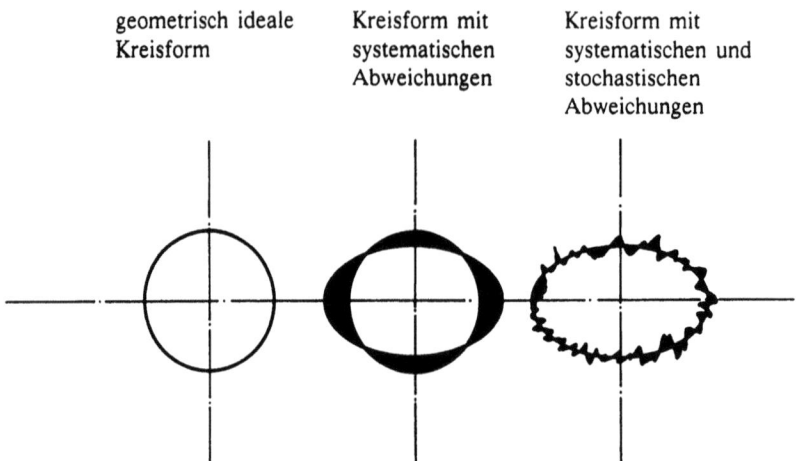

Bild 1.4: Gegenüberstellung einer idealen und realen Kreisform mit fehlerüberhöhter Darstellung

Werden nun Koordinaten einer Kontur meßtechnisch erfaßt, dann sind diese somit einerseits mit den Fertigungsfehlern, andererseits aber auch mit meßtechnischen Fehlern behaftet. Das mit der Mindestpunktzahl berechnete Formelement wird daher eine zufällige Abweichung vom realen Element aufweisen. Bild 1.5 zeigt die Punktwolke einer Kreismessung und stellt die unterschiedliche Kreisform und -lage gegenüber, die schon beim Austausch von nur einem Meßwert entsteht.

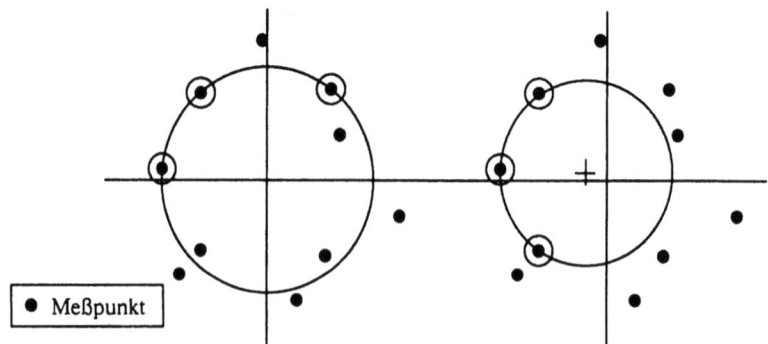

Bild 1.5: Mathematisch exakt bestimmte Kreise aus genau drei, zufällig ausgewählten Meßpunkten einer Kreismessung

Diese Abweichung kann wesentlich verringert werden, wenn man die Zahl der Messungen erhöht und anschließend die Daten durch eine Ausgleichsrechnung verdichtet.

Diese Ausgleichsrechnung ist ein Optimierungsproblem. Die letztendlich für eine erfolgversprechende Anwendung mindest notwendige Meßpunktzahl hängt ab:

- von der Fehlerverteilung des Werkstücks und der Meßfehler durch das Meßgerät,

- von der Anordnung der Meßpunkte auf dem zu messenden Element,

- sowie der geforderten maximalen Meßunsicherheit.

Für die Form- und Lageprüfung mit Koordinatenmeßgeräten ist es von grundsätzlicher Bedeutung, die Abhängigkeit des Ergebnisses von diesen Kriterien zu beschreiben. Es ist ausschlaggebend, die notwendige Anzahl und Anordnung von Meßpunkten zu kennen, mit der man ein Formelement zu prüfen hat, um das Ergebnis mit einer definierten Aussagesicherheit angeben zu können.

1.2 Gegenstand der Arbeit

Ein Gegenstand dieser Arbeit ist die Untersuchung von Meßstrategien für die prismatischen Formelemente Zylinder und Kegel. Für die Untersuchungen wird jeweils ein spezielles Verfahren zur Einpaßberechnung hergeleitet und ausführlich dargestellt. Kegel und Zylinder sind Formelemente, deren exakte Berechnung aus den Meßdaten in der industriellen Koordinatenmeßtechnik noch viel Schwierigkeiten bereitet [48].

Die verwendeten Algorithmen gehen von einer Meßpunktverteilung auf einem vollständig ausgeprägten Formelement aus. In der Praxis ist jedoch häufig der Meßbereich auf ein Teil der Oberfläche beschränkt, z.B. auf einen Halbzylinder. Die Arbeit zeigt hier auf, wie dadurch die Aussagesicherheit der angewandten Algorithmen sich verringert. Empfehlungen für günstige Meßstrategien werden ausgesprochen.

Für frei geformte Flächen wird die Beschreibung nach Bezier [36], die B-Spline-Beschreibung [34] und die Beschreibung mit lokal interpolierenden Splines (LIS) [41] angewandt. Anders als bei den Standardformelementen ist bei frei geformten Geometrien ein wesentlich höherer Beschreibungsaufwand notwendig, denn die Freiheitsgrade einer gekrümmten Fläche, wie etwa Flächenkoeffizienten und Berandungen, sind unendlich groß.

Weiterhin werden in der Arbeit schnelle Algorithmen zur Berechnung von beschreibenden Koeffizienten für Flächen höherer Ordnung mittels Bezierverfahren, mittels B-Splines und mittels lokal interpolierender Splines (LIS) hergeleitet. Die Bildungsregeln für die dabei verwendeten Matrizen sind für beliebig wählbare Flächenordnungen gültig.

Die Einflüsse verschiedener Meßstrategien auf die mit den genannten Algorithmen erzielten Freiformflächen werden untersucht und ausführlich diskutiert, Anforderungen an die Koordinatenmeßtechnik zur Erfassung frei geformter Geometrien definiert und in Form eines Meßmoduls umgesetzt. Es wird gezeigt, wie dieses Meßmodul die Funktionalität von CAD-Systemen nutzt und eine bislang bestehende Lücke schließt: Die Koordinatenmeßtechnik als Hilfsmittel der Konstruktion.

2 Meßdatenverdichtung und Ausgleichsrechnung in der Koordinatenmeßtechnik

Eine Aufgabe der Fertigungsmeßtechnik ist der Vergleich von vorgegebenen Sollwerten mit Maßen des gefertigten Werkstücks. Bei den vorgegebenen Werten handelt es sich um toleranzbehaftete Form- und Lagedaten, die in der Regel in technischen Zeichnungen enthalten sind.

Um vergleichbare Größen zu haben, muß mit den vom Koordinatenmeßgerät gelieferten Meßpunktdaten eine Formelementbestimmung erfolgen. Für die Standardformelemente (Punkt, Gerade, Ebene, Kreis, Kugel, Zylinder, Ellipse und Kegel) reichen wenige charakteristische Daten zur Beschreibung aus. Diese Werte sind für eine Gegenüberstellung geeignet. Beim Kreis sind diese charakteristischen Daten beispielsweise der Radius und der Kreismittelpunkt (Bild 2.1).

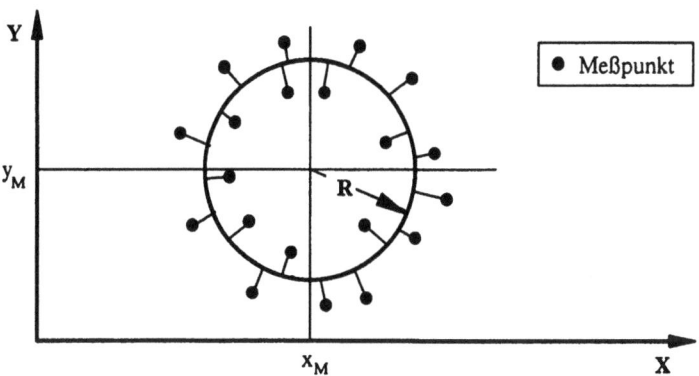

Bild 2.1: Reduzierung vieler Kreismeßwerte auf drei vergleichbare charakteristische Daten (R, x_M, y_M)

Handelt es sich bei den Meßwerten um Koordinaten von Freiformflächen, so kann der Vergleich nicht über wenige charakteristische Daten erfolgen. Aus der Vielzahl der ermittelten Punktkoordinaten ist eine Fläche zu berechnen. Diese kann sich einerseits um einen Verschiebung und eine räumlichen Drehung als Lagefehler von der Sollfläche unterscheiden; andererseits wird die Form der Fläche von der Sollfläche abweichen. Der Vergleich zwischen der meßtechnisch erfaßten und der vorgegebenen Sollfläche wird sich somit auf Lage- und Formfehler beziehen (Bild 2.2).

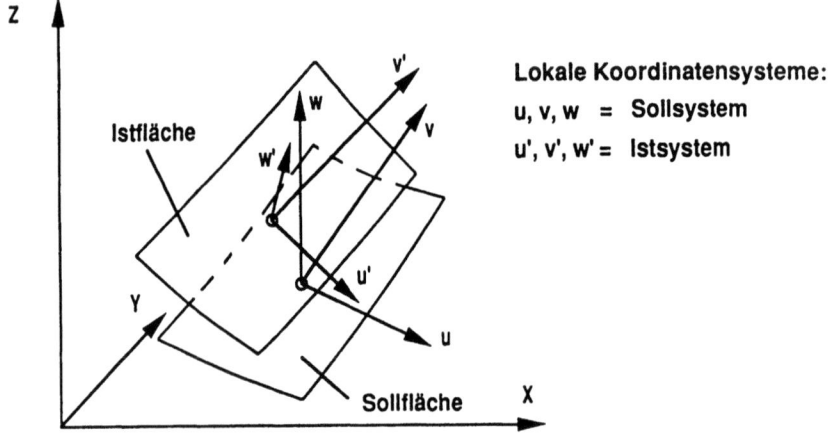

Bild 2.2: Abweichungen zwischen einer Soll- und einer berechneten Istfläche

Die Lageabweichung ist mit wenigen numerischen Größen beschreibbar, wogegen der Formfehler durch Abstandswerte vieler Hilfspunkte gekennzeichnet ist.

Zusammenfassend kann gesagt werden: Die Meßdatenverdichtung ist in der Koordinatenmeßtechnik ein notwendiger Vorgang. Sie liefert aus der Vielzahl diskreter Punkte, deren Erfassung für eine genaue Bestimmung des Werkstücks notwendig ist, die Ersatzgestalt [2]. Diese ist ein mit Zeichnungsdaten vergleichbares Formelement. Liegen nach der Reduzierung bei den Standardformelementen nur wenige charakteristische Werte vor, so benötigt man bei frei geformten Flächen erheblich mehr Deskriptoren für eine sinnvolle Beschreibung.

Die Parameterbestimmung der Ersatzgestalt erfordert eine Mindestanzahl von Meßpunkten. Die Menge ist von der Art des Formelementes oder der Freiformfläche abhängig (Bild 2.3).

Um eine hohe Sicherheit der Meßaussage zu erhalten, müssen mehr Meßpunkte aufgenommen werden als es diese Mindestanzahl von Punkten vorschreibt. Andererseits soll eine Prüfzeitverkürzung durch Minimierung der Meßpunktaufnahme erreicht werden. Die beiden Zielvorstellungen sind einander konträr.

Die Einpaßberechnung für ein Formelement in eine Punktmenge, die in der Koordinatenmeßtechnik mit einem sogenannten N-Punkte-Programm durchgeführt wird, kann auf vielerlei Arten erfolgen [2-10].

	Standardformelement							
	Punkt	Gerade	Ebene	Kreis	Kugel	Zylinder	Ellipse	Kegel
Mindestpunkt-anzahl	1	2	3	3	4	5	5	6
beschreibende Parameter:								
Punkt	●	●	●	●	●	●	●	●
Vektor		●	●			●		●
Radius				●	●	●	●	
Winkel							●	●
Halbachse							●	

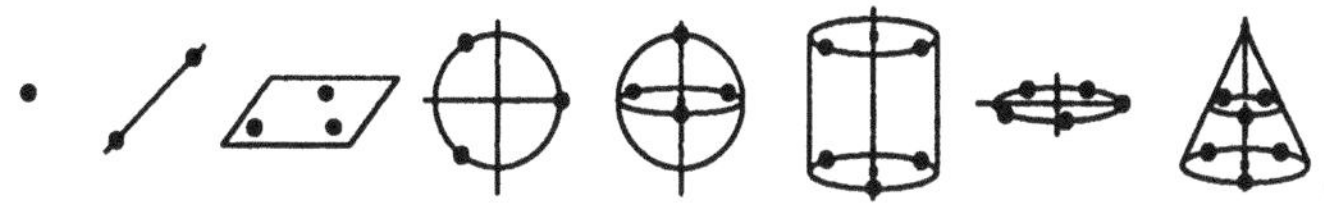

Bild 2.3: Mindestpunktanzahl für die Bestimmung der Form- und Lageparameter bei Standardformelementen

Hauptsächlich angewandte Methoden sind [2]:

- Ausgleichsberechnung nach Gauß,
- Ausgleichsberechnung entsprechend der Minimumbedingung nach DIN ISO 1101, welches ein Formelementepaar mit gleicher Position oder Ausrichtung verwendet,
- Methode der Hüll- und Pferchelemente.

Die Ausgleichsberechnung nach Gauß liegt vielen Programmpaketen von Meßgeräteherstellern zugrunde. Zufällige Abweichungen werden meist sehr gut geglättet. Das Ausgleichskriterium fordert, daß die Summe aller Fehlerquadrate zu einem Minimum werden soll:

$$\sum_{i=1}^{n} f_i^2 \overset{!}{=} \text{Minimum} \qquad (2.1)$$

Die dabei verwendete Fehlerfunktion "F" kann jedoch unterschiedlich definiert sein (Bild 2.4) [11,12]. Dementsprechend ist auch das Berechnungsergebnis eine Funktion der Fehlerdefinition. Die Berechnungsmethodik wird von den Herstellern von

Koordinatenmeßgeräten als firmenspezifisches Know-How betrachtet und nicht offengelegt. Hieraus folgt, daß beim Messen geometrischer Elemente auf Meßeinrichtungen unterschiedlicher Hersteller abweichende Ergebnisse ermittelt werden [46-48].

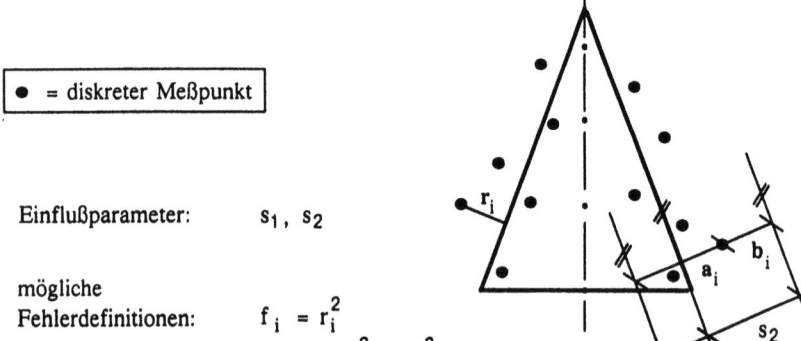

● = diskreter Meßpunkt

Einflußparameter: s_1, s_2

mögliche
Fehlerdefinitionen: $f_i = r_i^2$

$f_i = (a_i^2 + b_i^2)$

Bild 2.4: Beispiele für zwei Fehlerdefinitionen beim Kegel.
Die Einflußparameter s_1 und s_2 sind frei festgelegte Abstände zur Parallelgeometrie und beeinflussen damit die Größe von a_i und b_i

Die Bestimmung des Ersatzelementes nach Gauß liefert in einer Berechnung sowohl die Form als auch die Lage. DIN ISO 1101 schreibt jedoch die voneinander unabhängige Bestimmung von Form und Lage vor. Dies kann z.B. durch ein iteratives Verfahren gemäß der Minimumsbedingung nach DIN 32880 erreicht werden [2,13].

Das Ausgleichskriterium verlangt hierbei ein dem gesuchten Ersatzelement ähnliches Formelementepaar mit gleicher Position oder Ausrichtung. Das Paar soll alle Meßpunkte einschließen, wobei beide Formelemente denselben minimalen Abstand vom eingeschlossenen Ersatzelement haben (s. z.B. Bild 2.5).

$$|d| \stackrel{!}{=} \text{Minimum} \qquad (2.2)$$

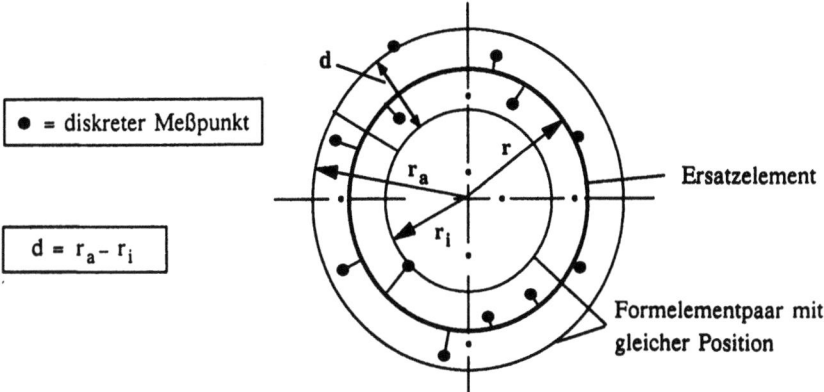

Bild 2.5: Ausgleichsberechnung gemäß der Minimumsbedingung nach DIN 32888 dargestellt am Beispiel eines Kreises

Für die Paarungsprüfung und die normgerechte Bestimmung von Bezugselementen werden Hüll- und Pferchelemente verwendet [14].
Bei der Methode der Hüllelemente wird das kleinstmöglichste ähnliche Formelement gesucht, das alle Meßpunkte umschließt.
Das Pferchelement ist das größte Element, welches durch die Punkte eingeschlossen wird. Kein vorliegender Meßwert darf innerhalb seiner Körperbegrenzung liegen.

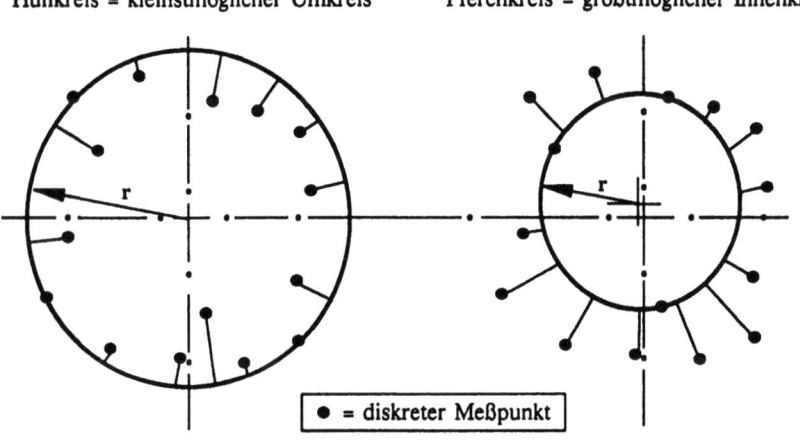

Bild 2.6: Hüll- und Pferchelement einer Kreismessung

Für das Berechnen und Einpassen von Freiformflächen liegen weder verbindliche noch empfohlene Richtlinien vor. Es können sowohl interpolierende als auch approximierende Verfahren angewendet werden (Bild 2.7). Die mathematische Beschreibung kann als ganzrationales Polynom beliebiger Ordnung "n" und "m" mit zwei unabhängigen Variablen "s" und "t" erfolgen.

$$\underline{r}(s,t) = \sum_{i=0}^{n} \sum_{j=0}^{m} \underline{p}_{ij} \cdot s^i \cdot t^j \qquad (2.3)$$

Der Vektor $\underline{p}$ beinhaltet die zugehörigen Koeffizienten des Polynoms.

Die interpolierende Flächenberechnung bietet sich an, wenn nur wenige Meßpunkte relativ zur Flächengröße vorliegen. Die Punkte liegen dann räumlich weit auseinander und haben dementsprechend bezüglich der Flächenausprägung einen hohen Informationsgehalt. Der Fehler eines jeden Meßpunktes wirkt sich auf die Gesamtform der Fläche nur geringfügig aus, wenn sein Betrag klein im Verhältnis zu den Punktdistanzen ist.

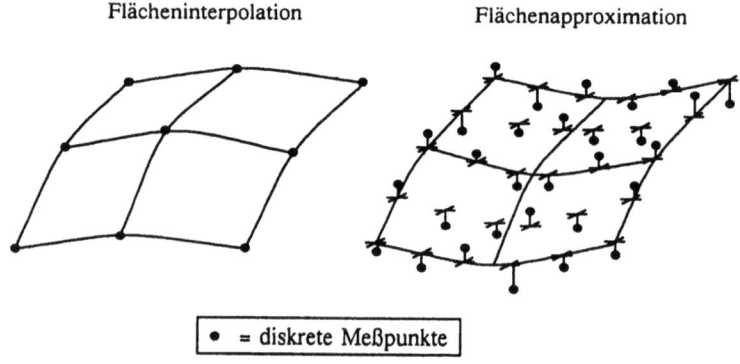

Bild 2.7: Interpolierende und approximierende Fläche

Anders sieht dies bei hoher Punktdichte und einem größeren Verhältnis "Abweichung/Punktabstand" aus. Hier treten Welligkeiten der berechneten Flächen auf. In diesem Fall ist ein approximierendes Verfahren angebracht.

In der Koordinatenmeßtechnik ist das Problem der Meßdatenverdichtung und Ausgleichsrechnung bei Freiformflächen anders geartet, als bei Standardformelementen. Es unterscheidet sich dadurch, daß zunächst keine Einpaßoptimierung stattfindet, sondern daß die Hauptaufgabe in der Formbestimmung besteht. Liegt die Form vor, dann kann eine Lageoptimierung erfolgen [43]. Bei den Standardformelementen ist die Formart (Kreis, Kegel,...) von vornherein als a priori Wissen bekannt und kann zu Optimierungszwecken eingesetzt werden.

3 Abweichungen der Ersatzgestalt vom Sollwert

Das Ziel der Fertigungstechnik ist die Herstellung von Werkstücken für eine geforderte Funktionalität. Diese Funktionalität kann in der Regel nicht allein durch einzelne Bauelemente erreicht werden, sondern erfordert die Paarung verschiedener Komponenten.

Im Austauschbau wird ferner verlangt, daß beliebige Einzelteile und Baugruppen gleicher Art montage- und funktionsgerecht ersetzt werden können.

Die Wechselmöglichkeit wurde in den Anfängen des Austauschbaus durch Gegenlehren sichergestellt. Diese Lehren waren an die Teile eines Musters angepaßt [8, 16]. Sie gestatteten eine vollständige Paarungsprüfung ohne irgendwelche Maß- oder Toleranzangaben. Später kamen die sogenannten Normallehren auf. Werkstücke wurden in der Folgezeit gemäß diesen vorgegebenen Normallehren gefertigt. Man fordert von den Paarungselementen die Einhaltung der vorgegebenen Lehrenformen mit Toleranzgrenzen.

In der Regel bestehen die Normallehren aus geometrisch einfach zu beschreibenden Formen der analytischen Geometrie, wie Zylinder, Kegel, Kugel, etc.. Sollwerte von Werkstücken sind per Definition Daten dieser analytischen Beschreibung.

Im Gegensatz zu den genannten physikalischen Lehren, die vor allem sehr aufwendig hergestellt werden müssen, erlauben die Koordinatenmeßgeräte mittels Rechner jede Gegenlehre fehlerfrei idealgeometrisch durch ein entsprechendes Programm zu realisieren.

Abweichungen vom Sollwert können durch verschiedene Ursachen hervorgerufen werden. Die für die Koordinatenmeßtechnik wesentlichen werden im folgenden skizziert.

3.1 Abweichungen infolge von Auswerteverfahren

Beim Messen von regelgeometrischen Körpern geht man in der Koordinatenmeßtechnik von einem Grundwissen über die Gestalt von Elementen aus. Ist dieses Vorwissen falsch, dann kommt bei der Datenreduktion nicht das dem Element optimal angepaßte Einpaßverfahren zur Anwendung.

Liegt beispielsweise meßtechnisch erfaßten Punktkoordinaten real eine Kegelform zugrunde, dann ergeben sich zwangsläufig Abweichungen bei Anwendung etwa eines Zylinderauswertealgorithmus (s. Bild 3.1).

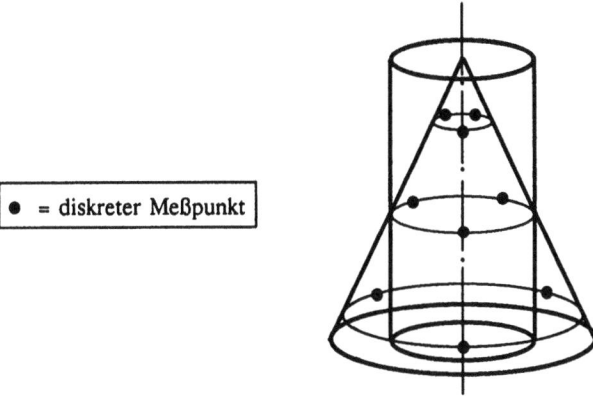

Bild 3.1: Ursache von Abweichungen durch Einpassung eines nicht zugehörigen idealgeometrischen Formelements in eine Punktmenge.
Hier Zylinderberechnung bei einer keglig verteilten Punktmenge.

Diese zunächst trivial erscheinende Aussage hat dennoch ihre Berechtigung und muß bedacht werden. So entstehen beispielsweise durch Fertigungsungenauigkeit oftmals kegelförmige statt zylindrischer Bohrungen. Angewendet wird bei der Prüfung jedoch das Einpaßverfahren für Zylinder.

Das fehlerhafte Resultat aufgrund einer nicht zutreffenden Geometrieannahme tritt insbesondere in der Praxis bei verwandten analytischen Formen sehr häufig auf.

3.2 Abweichungen infolge von Fertigungsverfahren

Bei der Fertigung können keine mathematisch idealen Formen hergestellt werden. Es treten sowohl Maß- als auch Gestaltabweichungen auf. In [17] sind die Gestaltabweichungen von Oberflächen mit Beispielen für mögliche Entstehungsursachen aufgezeigt.

Als "wirkliche Oberfläche" wird die Begrenzung eines festen Körpers vom umgebenden Raum definiert. Dagegen ist die "Istoberfläche" eine meßtechnisch erfaßte Oberfläche, welche die wirkliche Oberfläche annähert. Berücksichtigt wird, daß verschiedene Meßverfahren verschiedene Istoberflächen ergeben können.

Als "geometrische-ideale Oberfläche" wird die Begrenzung des geometrisch vollkommen gedachten Körpers beschrieben. Die "Solloberfläche" hingegen beansprucht zusätzlich die Angabe weiterer normgerechter Größen, beispielsweise erlaubte Toleranzen. Sie ist Ausgangsform für die Darstellung in technischen Unterlagen.

Systematische und stochastische Gestaltabweichungen bilden gemeinsam in Überlagerung mit der geometrisch-idealen Oberfläche die meßtechnisch erfaßbare Oberfläche.

Die systematischen Abweichungen rühren dabei in erster Linie her von maschinenbedingten Einflüssen wie Führungsfehler der Werkzeugmaschinen oder Schwingungen beim Herstellungsprozeß. Aber auch verfahrensbedingte Einflüsse können zu systematischen Abweichungen führen. Eine falsche Einspannung des Werkstücks oder die außermittige Einspannung eines Werkzeugs bedingt z.B. eine oft periodische Gestaltabweichung. In [17,18] sind weitere Ursachen beschrieben.

Als sogenannte statistische Abweichungen werden die zufälligen Gestaltabweichungen beschrieben. Sie treten beispielsweise beim Spanen oder beim Sandstrahlen auf.

DIN 4760 [17] teilt die Gestaltabweichungen in 6 Stufen ein. Die ersten vier Stufen sind für die klassische Meßtechnik mit einem Koordinatenmeßgerät interessant.

Gestaltabweichung 1. Ordnung:	"Formabweichung" Diese Abweichung ist bei Betrachtung der ganzen Oberfläche feststellbar.
	Entstehungsursache: Fehler in den Führungen der Werkzeugmaschine, Durchbiegung der Maschine oder des Werkstückes, falsche Einspannung des Werkstückes, Härteverzug, Verschleiß. Art der Abweichung: Unebenheit und Unrundheit.
Gestaltabweichung 2. Ordnung:	"Welligkeit" Diese Abweichungen sind regel- oder unregelmäßig wiederkehrende Abweichungen, deren Abstände auf der Oberfläche ein beträchtliches Vielfaches ihrer Tiefe betragen.
	Entstehungsursache: Außermittige Einspannung oder Formfehler eines Werkzeugs, Schwingungen der Werkzeugmaschine oder des Werkzeugs. Art der Abweichung: Wellen.

Gestaltabweichung 3. Ordnung:	"Rauheit" Diese Abweichungen sind regelmäßig oder unregelmäßig wiederkehrende Abweichungen, deren Abstände nur ein geringes Vielfaches ihrer Tiefe betragen.

Entstehungsursache:
Form der Werkzeugschneide, Vorschub oder Zustellung des Werkzeuges.

Art der Abweichung:
Rillen.

Gestaltabweichung 4. Ordnung:	"Rauheit" Wie bei 3. Ordnung.

Entstehungsursache:
Vorgang der Spanbildung, Werkstoffverformung beim Sandstrahlen, Knospenbildung bei galvanischer Behandlung.

Art der Abweichung:
Riefen, Schuppen, Kuppen.

In ihrer Überlagerung bilden die vier Gestaltabweichungen eine reale Oberfläche, welche den nachfolgend schematisch dargestellten Profilschnitt aufweist.

Bild 3.2: Istoberfläche eines Körpers infolge des Fertigungsverfahrens

Prinzipiell ist jedem Fertigungsverfahren eine charakteristische Gestaltsabweichung zugeordnet. Als Beispiel ist in Bild 3.3 der Querschnitt einer rundgehämmerten Schmiedewelle dargestellt, der Kreisform haben soll [24].

Deutlich kann man die Abweichungen gegenüber dem Sollquerschnitt erkennen. Die typische Gestaltabweichung rührt von den einander gegenüberlegenden Hämmern her, die verformend auf das Werkstück wirken. Die Welle wird während der Bearbeitung in Winkelschritten unter den zuschlagenden Hämmern gedreht. Das dabei entstehende N-Eck nähert umso stärker seine Form einem Kreis an, je feiner die Winkelschritte sind.

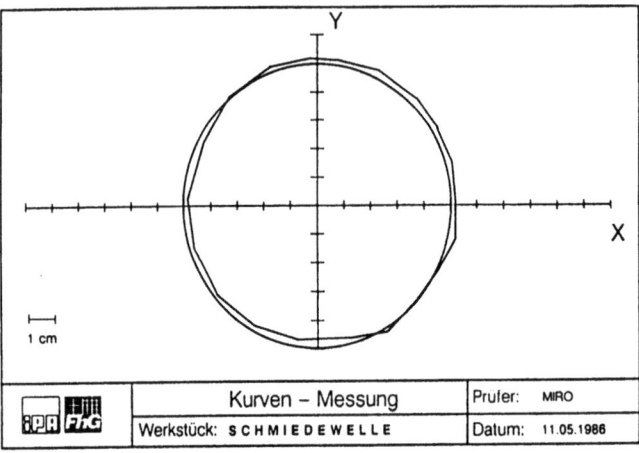

Bild 3.3: Querschnittsgestalt einer rundgehämmerte Schmiedewelle

3.3 Abweichungen als Ursache des Meßvorgangs

Neben den Abweichungen, verursacht durch das Fertigungsverfahren, treten Abweichungen durch den Meßvorgang selbst auf. Umgebungsbedingungen und das Verfahren der Digitalisierung bewirken Fehler bei der Meßwerterfassung [25,26].

Als Fehlerquellen am Meßgerät sind hier zu nennen [19,21]:

- die Geradheit und Rechtwinkligkeit der Führungen,
- Verformungen des Meßgerätes,
- die Teilung und Justage der Wegmeßsysteme,
- die Digitalisierungsabweichung und die Verfahren zur Interpolation zwischen den Weginkrementen,
- mangelnde mechanische Stabilität der Tasteinrichtung, Ursache z.B. für Taststiftbiegungen,
- Verformung der Tastspitze/-kugel.

In [22] findet sich eine ausführliche Beschreibung weiterer möglicher Fehlerursachen.

Umgebungseinflüsse, wie die Temperatur mit Zeit- und Ortsgradient, Schwingungen am Meßort und Staub, beeinflussen weiterhin die Meßwerterfassung. Sie haben einen meist nicht kontrollierbaren Einfluß auf das Meßergebnis.

Nicht zuletzt hat die Meßpunktantastung einen Einfluß auf das Meßresultat, wie es exemplarisch in Bild 3.4 dargestellt ist. Die Antastunsicherheit wird einerseits durch das Antastverfahren mit seiner Antastrichtung verursacht, anderer- seits aber auch durch die Verformung des Tasters und des Werkstücks unter der Antastkraft [23,27].

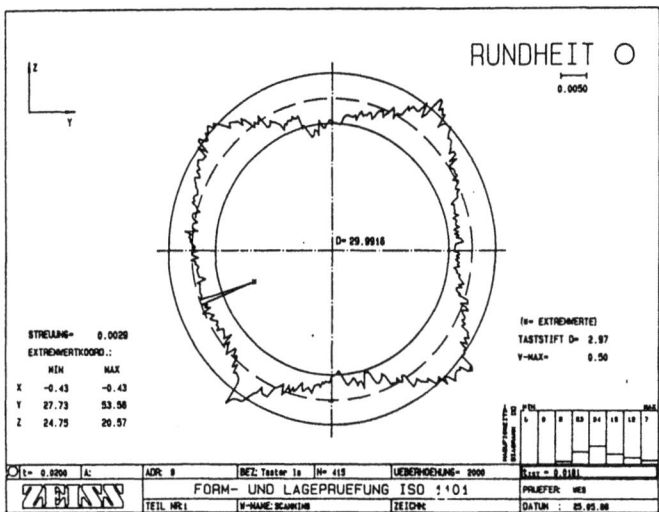

Bild 3.4: Kreiserfassung durch Innenantastung mit überhöhter Darstellung der Abweichungen

Einen wesentlichen Einfluß auf die Meßunsicherheit hat auch der Tastkugeldurchmesser. So filtert ein großer Durchmesser geringe Gestaltabweichungen heraus. Bei zu kleinem Durchmesser kann es hingegen zu Meßpunktaufnahmen in Vertiefungen kommen, die nicht repräsentativ für die Gestalt des Werkstücks sind, sondern oben aufgezeigte Oberflächenstrukturen, wie etwa Rauheit, beschreiben.

Bei optischen Tastsystemen spielen bei der Meßunsicherheit Reflexionsverhalten von Oberflächen ein Rolle.

Auch durch die Aufspannung eines Werkstücks in einer Meßeinrichtung mit Einleitung von Spannkräften oder durch Verformungen des Prüflings infolge seiner Eigenmasse werden die Meßergebnisse von den tatsächlichen geometrischen Werten abweichen [7].

4 Statistische Auswertung

In diesem Kapitel werden die Grundlagen für eine statistische Behandlung von Formelementen gegeben, wie sie im weiteren Verlauf der Arbeit verwendet werden. Insbesondere wird die Aussagesicherheit von Meßalgorithmen diskutiert und die Möglichkeit über Simulationen Konfidenzbereiche für charakteristische Daten verschiedener Formelemente zu definieren.

Die so gewonnenen Konfidenzbereiche erlauben bei praktischen Anwendungen die Mindestanzahl von Messungen festzulegen, die zu einer gewünschten Aussagesicherheit führen. Damit ist die Basis für eine optimale Meßzeitreduktion gegeben.

Das Erzielen von Konfidenzbereichen über ausgedehnte Simulationen wird zum ersten Mal in dieser Arbeit vorgestellt; frühere Arbeiten beruhen auf analytischen Betrachtungen (so z.B. [1],[15],[20],[27]).

4.1 Bewertung von Meßergebnissen

Betrachtet man das Messen von diskreten Koordinaten auf einer Werkstückoberfläche als die Entnahme einer Stichprobe aus einer unendlich großen Grundgesamtheit aller möglichen Koordinatenpunkte der Oberfläche, so kann man aus der Bewertung dieser Stichprobe unter bestimmten Voraussetzungen auf die Grundgesamtheit schließen.

Durch Anwendung statistischer Betrachtungen kann der erforderliche Stichprobenumfang festgelegt werden. Aus wirtschaftlicher Sicht sollte die Anzahl der erfaßten Meßpunkte möglichst gering sein, denn die Zeit für die Aufnahme eines Wertes beträgt in der Regel durchschnittlich 1.5 Sekunden. Hinzu kommt die Berechnungszeit für die Auswertung, die meist überproportional zur Meßpunktanzahl steigt. Andererseits schreibt aber eine gewünschte Aussagesicherheit für das ermittelte Ergebnis eine Mindestanzahl von Meßpunkten für den Stichprobenumfang vor.

In diesem Kapitel werden statistische Verfahren mit ihren Voraussetzungen und ihrer Anwendbarkeit in der Koordinatenmeßtechnik aufgezeigt

4.1.1 Unsicherheit der Meßwerte und deren Einfluß auf die Verknüpfungselemente

In Kapitel 3 wurde dargelegt, daß ein Oberflächenpunkt aufgrund verschiedener Fehlermöglichkeiten nicht eindeutig reproduzierbar zu messen ist.

Werden an derselben Stelle der Oberfläche eines Körpers die Koordinatenwerte mehrfach bestimmt, so streuen die Ergebnisse entsprechend der zugrundeliegenden

Fehlerursachen [15,22,27]. Im allgemeinen Fall werden die Meßpunkte in einem Raumgebiet streuen, dessen Volumen durch die Streubreite der einzelnen Koordinaten bestimmt ist. Schematisch ist dies in Bild 4.1 dargestellt.

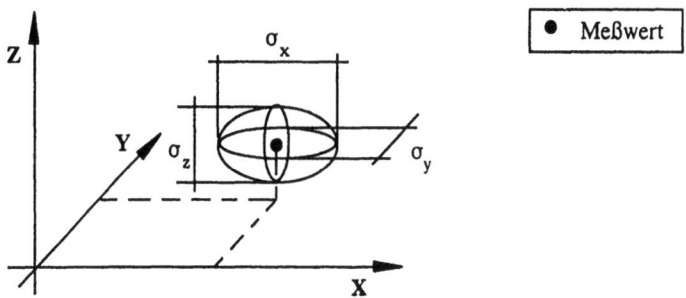

Bild 4.1: Der Streubereich σ eines Meßpunkts im Raum

Alle Formelemente berechnen sich aus einer Vielzahl dieser unsicheren Einzelmeßwerte. Ihre charakteristischen Daten sind demzufolge mit Fehlern versehen, die aus diesen Einzelmessungen resultieren.

Für den Kreis soll hier anschaulich gezeigt werden, wie sich die Unsicherheit des Mittelpunktes als Funktion der Unsicherheit der einzelnen Meßwerte ergibt.

Bei der Darstellung in Bild 4.2 sind nur drei Koordinatenpaare als Meßpunkte berücksichtigt. Sind die Meßpunkte sicher, dann liegt der Kreismittelpunkt auf dem gemeinsamen Schnittpunkt der Senkrechten, die auf den halben Punktverbindungen stehen (Bild 4.2.a).

Sind Punktunsicherheiten vorhanden, so können sie beispielsweise als Kreise um die einzelnen Punkte dargestellt werden. Die Punktverbindungen können dann innerhalb der aufskizzierten Winkelbereiche liegen. Damit streut auch die Lage der Senkrechten. Der Mittelpunkt des Kreises liegt in dem Bereich aller nun möglichen Schnittpunkte der Mittelsenkrechten (dunkler Bereich in Bild 4.2b). Die Form und die Größe dieses Gebietes ist stark abhängig von der Verteilung der Meßpunkte auf dem Kreis. Der Übersicht wegen sind die Senkrechten nicht eingezeichnet.

Illustriert ist dieses Verhalten in den Bildern 4.2 und 4.3 auf. Bei Gleichverteilung der Meßpunkte auf dem Kreis ist das Gebiet hochsymmetrisch (6-zählige Achse) und hat minnimalen Flächeninhalt (Bild 4.2b). Jede Abweichung der Meßpunkte von dieser Symmetrie führt zwangsläufig zu einer Deformation des Gebietes mit zunehmender Fläche. Schon dieses einfache Beispiel des Kreises ist Motivation für die später diskutierte Untersuchung über die Abhängigkeit charakteristischer Daten vom Formelement von der Verteilung der Meßpunkte auf Körperflächen.

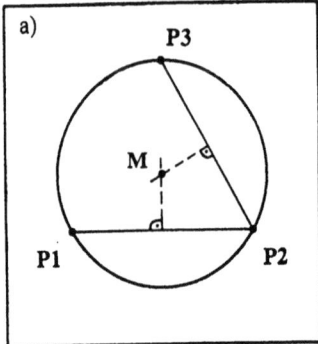
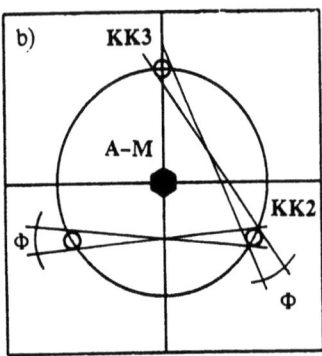

Bild 4.2: Einfluß der Meßpunktunsicherheit auf den Kreismittelpunkt
a) keine Unschärfe
b) Unschärfe bei kreisförmiger Meßpunktunsicherheit und gleichverteilten Meßpunkten

Es bedeuten:
P1, P2, P3 = Meßpunkte
M = berechneter Kreismittelpunkt
KK1, KK2, KK3 = Unsicherheitsbereiche der Meßpunkte
A-M = Unsicherheitsbereich des Kreismittelpunktes
Φ = Winkelbereich zwischen unsicheren Meßpunkten

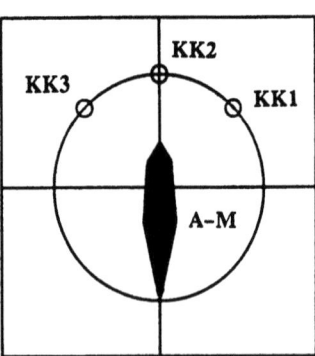

Bild 4.3: Einfluß der Meßpunktunsicherheit auf die Unschärfe des Kreismittelpunktes bei ungleichverteilten Meßpunkten

Es bedeuten:
KK1, KK2, KK3 = Unsicherheitsbereiche der Meßpunkte
A-M = Unschärfebereich des Kreismittelpunktes

Es ist an diesen Beispielen leicht zu erkennen, daß der Kreismittelpunkt bei unsicheren Koordinaten sogar ins Unendliche wandern kann, wenn die Meßpunkte gegeneinander konvergieren.

4.1.2 Vertrauensbereich für die Formabweichung bei Annahme einer Normalverteilung der Meßpunktkoordinaten

In der Praxis werden überwiegend Teile mit wenigen und voneinander relativ weit entfernten Oberflächenantastungen gemessen. So kann man annehmen, daß die erfaßten Meßwerte stochastisch voneinander unabhängig sind und der gebräuchlichen Annahme normalverteilt zu sein genügen.

Zur Bewertung, wie stark die Istoberfläche von der ideal-geometrischen Oberfläche abweicht, schätzt man die Streuung aller Oberflächenpunkte bezogen auf das berechnete Formelement ab. Der Streubereich, 2σ, beschreibt den Wertebereich, in dem 95.4 % aller Oberflächenpunkte unter der Annahme der Normalverteilung liegen werden.

Eine Abschätzung der Streuung ist erforderlich, weil eine absolut sichere Aussage über den wirklichen Streubereich nicht möglich oder im Sinne der Statistik nicht sinnvoll ist. Deshalb begnügt man sich mit einer Aussage über den Bereich, in dem die Streuung mit einer gewünschten Aussagewahrscheinlichkeit liegen wird. Dieser ist aus der empirischen Varianz der erfaßten Meßpunkte (Stichprobe) ermittelbar.

Die Vorgehensweise ist im folgenden beschrieben.

Zunächst wird eine Anzahl von Meßpunkten auf der Oberfläche erfaßt. Mit der Einpaßberechnung werden die charakteristischen Daten des ideal-geometrischen Formelements vorgegebener Gestalt gemäß dem Optimierungskriterium berechnet.

Daran anschließend werden die Abstandsquadrate aller Meßpunkte zu diesem idealgeometrische Formelement gebildet und hieraus die empirische Varianz s^2 ermittelt. Sie ist ein erwartungstreuer Schätzwert. Die Wurzel, welche die Standardabweichung s angibt, beschreibt den Bereich, in dem 68.3 % der gemessenen Werte liegen. Durch Multiplikation mit einem Faktor kann nun ein wahrscheinlicher Aufenthaltsbereich für alle Oberflächenpunkte des Elementes berechnet werden.

Der Faktor, "u", läßt sich aus der allgemeinen N(0;1)-Normalverteilung mit dem Erwartungswert 0 und der Varianz 1 ermitteln [28]. Für u = 3 ergibt sich beispielsweise der Bereich für 99.7 % aller Oberflächenpunkte.

Der Vertrauensbereich für die ermittelte Varianz ist mit Hilfe der χ^2-Verteilung bestimmbar. Er berechnet sich mit n-1 Freiheitsgraden zur vorgegebenen Konfidenzzahl γ nach

$$\left(\frac{n-1}{\chi^2_{\frac{1+\gamma}{2}}} s^2 \leq \sigma^2 \leq \frac{n-1}{\chi^2_{\frac{1-\gamma}{2}}} s^2 \right) \quad (4.1)$$

Die Konfidenzzahl γ gibt an, mit welcher Wahrscheinlichkeit der Vertrauensbereich abgeschätzt werden soll.

Für γ kann aus Tabellen der Wert des Quantils für χ^2 entnommen werden [29]. Dabei ist auch der Freiheitsgrad zu berücksichtigen. "n" entspricht hier der Anzahl der Meßpunkte, die für die Bestimmung von s^2 herangezogen wurde.

Liegt keine Normalverteilung der Meßpunkte vor, so kann trotzdem das Konfidenzintervall mit obiger Vorgehensweise abgeschätzt werden, wenn n $\geq$ 100 ist, weil dann der zentrale Grenzwertsatz gilt [29].

Die Annahme, daß die Meßpunkte voneinander stochastisch unabhängig sind, stellt den sogenannten "worst case" dar. Setzt sich die Gesamtabweichung aus systematischen und stochastischen Abweichungen zusammen, dann macht lediglich der stochastische Anteil das Ergebnis unsicher. Man wird, mit wenigen in [1] beschriebenen Ausnahmen, bei obiger Berechnung sicherere Ergebnisse erzielen.

4.2 Ermittlung der Vertrauensbereiche für die charakteristischen Daten über Meßsimulationen

Prinzipiell ist es möglich, für jede Art der Meßpunktverteilung und der Korrelation der Punkte die Vertrauensbereiche durch Fehlerfortpflanzungsgesetze basierend auf den analytischen Formen der Formelemente zu berechnen.

Eine andere Möglichkeit, die Vertrauensbereiche zu ermitteln, besteht in der Simulation vieler Messungen, deren Einpaßergebnisse statistisch ausgewertet werden [49]. Von den Simulationsresultaten kann dann auf Situationen bei realen Messungen geschlossen werden. Dies setzt natürlich voraus, daß für die Simulation in etwa die gleichen Bedingungen gelten, wie für die reale Messung (Lage und Anzahl der Punkte, Fehlerverteilung, Einpaßverfahren).

Mit Simulationen ist es möglich, beliebige Ausschnitte von Regelgeometrien im numerischen Experiment zu "messen", die Einflüsse von Meßpunktzahl und

-verteilung zu studieren und daraus günstige Meßstrategien für reale Messungen abzuleiten. Dies ist ein wesentlicher Gegenstand der vorliegenden Arbeit.

Der Meßtechniker hat mit der Simulation ein Hilfsmittel, für seinen speziellen geometrischen Anwendungsfall Vertrauensbereiche ermitteln zu können. Bei einer geforderten Aussagewahrscheinlichkeit für ein Meßresultat kann er so auf Grund der Erkenntnisse aus Simulationen die beste Meßpunktverteilung im Vorfeld der Messung angeben. Er kann die erforderliche Meßpunktanzahl festschreiben und damit die Gesamtmeßzeit reduzieren.

4.2.1 Meßdatengenerierung für Simulationsrechnungen

Ausgangssituation der Datengewinnung für die Simulation sind ideal-geometrische Oberflächen von Zylindern und Kegeln, die in ihrer mathematischen Beschreibungsform vorliegen. Damit sind für spätere Vergleiche die charakteristischen Daten der Formelemente bekannt.

Aus den mathematischen Formeln der Flächen 2. Ordnung können exakte Oberflächenpunkte beliebiger Menge und Lage berechnet werden.

Um nun Koordinatenwerte zu erhalten, die einer realen Messungen entsprechen, werden den idealen Formpunkten zufällige Abweichungen überlagert. Dabei können beliebige Dichtefunktionen mit vorgegebenen Parametern für die Abweichungen gewählt werden. Diese sind an reale Bedingungen anpaßbar [24,25]. Insbesondere können Oberflächen- und Gestaltabweichungen in diesen Simulationen berücksichtigt werden.

Eine Untersuchung des Einflusses beliebiger systematischer oder stochastischer Gestaltabweichungen zusammen mit dem Fehlereinfluß von Meßgeräten ist in [10,12] beschrieben.

Die für die Simulation erzeugten stochastischen Abweichungen der Meßpunkte zum idealgeometrischen Formelement berücksichtigen die in [7] definierte stochastische Ortsfunktion. Nach dieser stehen die Abweichungsvektoren orthogonal zum Profil. Das Fehlerellipsoid reduziert sich damit auf eine Linie.

Es ergibt sich durch diese Einschränkung aber nur eine geringe Verkleinerung des möglichen Aufenthaltsbereichs für die charakteristischen Daten der eingepaßten Formelemente. Dies ist für den Fall des Kreises in Bild 4.4 dargestellt.

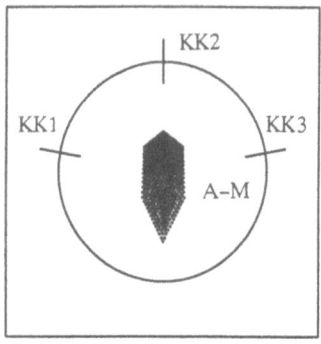 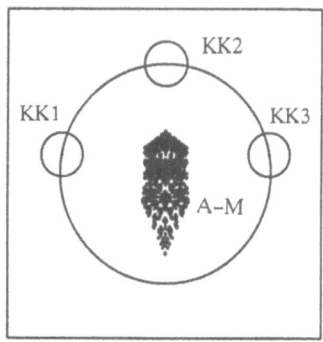

Bild 4.4: Positionsvariation des Kreismittelpunktes bei
a) linienhaften und b) kreisförmigem
Unsicherheitsbereich der Meßpunkte

Es bedeuten:
KK1, KK2, KK3 = Unsicherheitsbereiche der Meßpunkte
A-M = Unsicherheitsbereich des Kreismittelpunktes

4.2.2 Statistische Ermittlung der Form- und Lageparameter

Über die Einpaßberechnung kann aus den simulierten Zylinder-/Kegelmeßdaten das Formelement bestimmt werden. Bezogen auf dieses berechnete Element wird die empirische Varianz der simulierten Meßwerte ermittelt.

Jede Simulation liefert genau einen Satz von charakteristischen Daten. Sie ist jeweils eine Realisierung des zugrundeliegenden zufälligen Prozesses.

Um nun Aussagen bezüglich der möglichen Streuung der charakteristischen Daten treffen zu können, ist eine Vielzahl solcher Realisierungen anhand umfangreicher Simulationen statistisch zu untersuchen.

Im einzelnen werden aus diesen Simulationen folgende charakteristische Daten bestimmt (s. Bild 4.5):

- die Mittelwerte der Achslagen beim Durchstoß durch die XY-Ebene,
- die mittlere Körperachsrichtung,
- der mittlere Radius beim Zylinder,
- beim Kegel der mittlere Öffnungswinkel sowie
- die mittlere Kegelspitze.

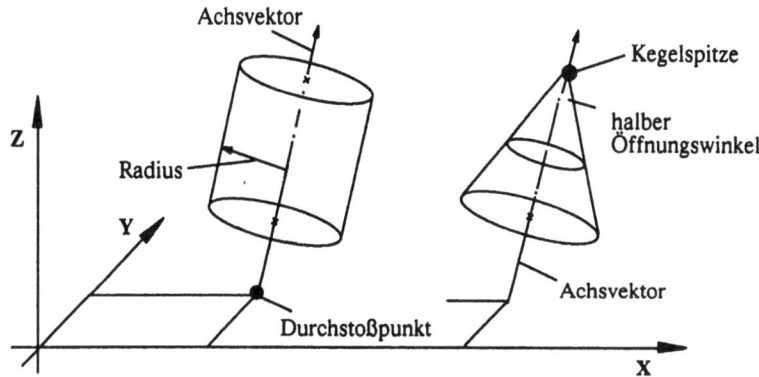

Bild 4.5: Berechnete und gemittelte Parameter der Formelemente Zylinder und Kegel

Weiterhin werden zu diesen mittleren Werten jeweils die Streuung und der Konfidenzbereich bestimmt. Auch für die Varianzen werden die Konfidenzbereiche ermittelt. Nachstehend sind die entsprechenden Formeln aufgeführt:

- empirische Mittelwertsbestimmung

$$\bar{x} = \frac{1}{n} \sum_{i=1}^{n} x_i \qquad (4.2)$$

- empirische Varianz

$$s^2 = \frac{1}{n-1} \sum_{i=1}^{n} (x_i - \bar{x})^2 \qquad (4.3)$$

- Konfidenzintervall für den Mittelwert

$$\left[\bar{x} - \frac{s}{\sqrt{n}} t_{\frac{1+\gamma}{2}} \; ; \; \bar{x} + \frac{s}{\sqrt{n}} t_{\frac{1+\gamma}{2}} \right] \qquad (4.4)$$

- Konfidenzintervall für die Varianz

$$\left[\frac{n-1}{\chi^2_{\frac{1+\gamma}{2}}} s^2 \; ; \; \frac{n-1}{\chi^2_{\frac{1-\gamma}{2}}} s^2 \right] \qquad (4.5)$$

mit
$\bar{x}$ = mittlerer Wert der Größe x und
s^2 = empirische Varianz
n = Anzahl der Meßsimulationen
γ = Konfidenzniveau
t = Quantil der Student-Verteilung
χ^2 = Quantil der Chi-Quadrat-Verteilung

5 Standardformelemente

Wie schon in Kapitel zwei angeführt, werden folgende geometrische Elemente in der Koordinatenmeßtechnik üblicherweise als Standardformelemente bezeichnet [19]:
Punkt, Gerade, Ebene, Kreis, Ellipse, Kugel, Zylinder und Kegel.

In der Fertigungsmeßtechnik lassen sich Meßaufgaben an komplexen Werkstücken zu einem überwiegenden Anteil auf die Ermittlung dieser Standardformelemente zurückführen. Das Aufgabengebiet der Meßtechnik bezieht sich deshalb hauptsächlich auf die Ermittlung der charakteristischen Daten dieser Elemente.

5.1 Verfahren zur Berechnung von Formelementen

Es wurde schon gesagt, daß geometrisch-ideale Oberflächen bei realen Werkstücken nicht realisiert werden können. Zusätzlich sind die idealen Oberflächenpunkte auch nicht fehlerfrei meßtechnisch erfaßbar. Man bestimmt deshalb ein Formelement, welches nach einem Optimierungskriterium bestmöglich durch die Meßpunkte angenähert wird.

Als Optimierungsalgorithmus eignet sich das Gaußsche Verfahren zur Ausgleichung direkter Beobachtungen nach der Methode der Minimierung der Summe aller Fehlerquadrate [31].

Im folgenden wird allgemein das GaußscheVerfahren zur Minimierung aufgezeigt und im speziellen für den Zylinder sowie den Kegel dargestellt. Bei diesen geometrischen Elementen ergeben sich nichtlineare Gleichungen für die charakteristischen Daten, die linearisiert werden müssen.

In linearisierter Form führen diese Gleichungen zu einer wesentlichen Vereinfachung der Variationsrechnung. Lediglich lineare Gleichungssysteme müssen gelöst werden. Dies führt zu einer Zeitersparnis und wird hier genutzt. Die Rechnungen werden iterativ durchgeführt. Die Konvergenz wird anhand eines Abstandsmaßes zwischen aufeinanderfolgenden Resultaten überprüft.

Der allgemeinste Ansatz zur Beschreibung von Flächen zweiter Ordnung, zu denen Zylinder- und Kegeloberflächen zählen, lautet [44]:

$$a_{11} x^2 + a_{22} y^2 + a_{33} z^2 + 2 a_{12} xy + 2 a_{23} yz + 2 a_{31} zx + 2 a_{14} x + 2 a_{24} y + 2 a_{34} z + a_{44} = 0$$

(5.1)

Diese Gleichung enthält nach einer Normierung mit a_{44} noch 9 unbekannte Größen. Dies bedeutet, daß mindestens 9 Meßpunkte notwendig sind, um die Parameter dieser

Form durch ein Gleichungssystem zu bestimmen. Aus Symmetriegründen verlangt der Zylinder jedoch nur 5 und der Kegel 6 Meßpunkte zur eindeutigen Berechnung. Liegen die mit Gleichung (5.1) berechneten Koeffizienten aus realen Meßwerten vor, so lassen sich daraus nicht eindeutig die charakteristischen Daten für Zylinder und Kegel ableiten. Vielmehr ist auch hier ein weiteres Einpaßverfahren notwendig.

5.1.1 Allgemeines Lösungsprinzip nach Gauß

Das Gaußsche Verfahren zur Minimierung der Summe aller Fehlerquadrate läßt sich folgendermaßen schreiben:

$$\Omega = \text{Min} \sum_{i=1}^{n} f_i^2 \qquad (5.2)$$

wobei f_i in unserem Fall die Abweichung der i-ten Koordinate von der Oberfläche des aus allen Koordinaten berechneten Formelementes ist.

Geht man der Einfachheit halber zur Demonstration davon aus, daß diese Abweichung in erster Näherung linear von den Meßwerten abhängt, läßt sich f_i folgendermaßen darstellen:

$$f_i = a x_i + b y_i + c z_i + 1 \qquad (5.3)$$
$$\text{mit } i = 1, 2, \ldots, n$$

wobei, und das ist sehr wesentlich für spätere Betrachtungen, angenommen wurde, daß die Koeffizienten ebenfalls linear sind.

Die oben genannte Variationsaufgabe kann so als direktes Verfahren formuliert und gelöst werden. Beim direkten Verfahren ist Ω nach den unbekannten Koeffizienten a, b, c zu differenzieren. Die so erhaltenen Gleichungen werden zu Null gesetzt und man erhält ein lineares Gleichungssystem für die Koeffizienten a, b und c.

$$\frac{\delta \Omega}{\delta a} \stackrel{!}{=} 0 = 2 \sum_{i=1}^{n} f_i \cdot \frac{\delta f_i}{\delta a} = 2 \sum_{i=1}^{n} x_i (a x_i + b y_i + c z_i + 1)$$

$$\frac{\delta \Omega}{\delta b} \stackrel{!}{=} 0 = 2 \sum_{i=1}^{n} f_i \cdot \frac{\delta f_i}{\delta b} = 2 \sum_{i=1}^{n} y_i (a x_i + b y_i + c z_i + 1) \qquad (5.4)$$

$$\frac{\delta \Omega}{\delta c} \stackrel{!}{=} 0 = 2 \sum_{i=1}^{n} f_i \cdot \frac{\delta f_i}{\delta c} = 2 \sum_{i=1}^{n} z_i (a x_i + b y_i + c z_i + 1)$$

Umsortiert und in Matrizenform:

$$\begin{bmatrix} \sum_{i=1}^{n} x_i^2 & \sum_{i=1}^{n} x_i y_i & \sum_{i=1}^{n} x_i z_i \\ \sum_{i=1}^{n} x_i y_i & \sum_{i=1}^{n} y_i^2 & \sum_{i=1}^{n} y_i z_i \\ \sum_{i=1}^{n} x_i z_i & \sum_{i=1}^{n} y_i z_i & \sum_{i=1}^{n} z_i^2 \end{bmatrix} \begin{bmatrix} a \\ b \\ c \end{bmatrix} = \begin{bmatrix} -\sum_{i=1}^{n} x_i \\ -\sum_{i=1}^{n} y_i \\ -\sum_{i=1}^{n} z_i \end{bmatrix} \quad (5.5)$$

In kompakter Form:

$$\underline{\underline{A}} \cdot \underline{\Phi} = \underline{X} \quad (5.6)$$

Die Lösung erhält man durch Invertierung der nichtsingulären Martix $\underline{\underline{A}}$.

$$\underline{\Phi} = \underline{\underline{A}}^{-1} \cdot \underline{X} \quad (5.7)$$

5.1.2 Linearisierte Gleichung zur Berechnung charakteristischer Zylinderdaten

Es wurde schon darauf hingewiesen, daß nicht nur die Meßpunkte einen Einfluß auf die Bestimmung eines besteingepaßten Formelementes nehmen können, sondern daß auch das Optimierungskriterium und die verwendete Abstandsfunktion f_i das Berechnungsergebnis bestimmen. Diese werden deshalb im folgenden dargestellt.

Die Zylindergleichung in einem rechtwinkligen Koordinatensystem kann aus der Formel des Abstandes eines Punktes von einer Geraden hergeleitet werden [44]. Zur Veranschaulichung dient Bild 5.1:

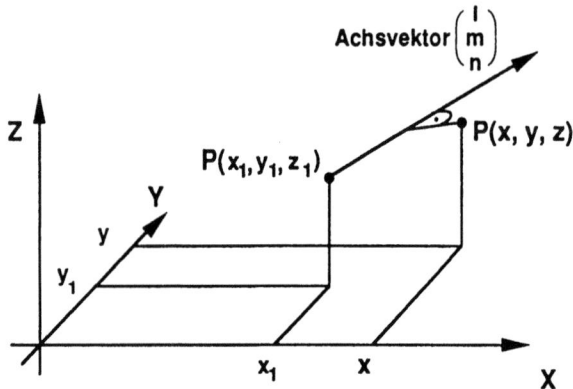

Bild 5.1: Abstand r eines Punktes von einer Geraden im Raum

Den Abstand r erhält man aus folgender Beziehung:

$$r^2 = \frac{[(x-x_1)m-(y-y_1)l]^2 + [(y-y_1)n-(z-z_1)m]^2 + [(z-z_1)l-(x-x_1)n]^2}{l^2 + m^2 + n^2}$$

(5.8)

Dieser Zusammenhang läßt sich umformulieren (siehe Bild 5.2).

Da der Achsvektor als Einheitsvektor den Betrag |1| besitzt, können die zwei Unbekannten Komponenten l und m durch die Unbekannten $\tan(\alpha)$, $\tan(\beta)$ und n ausgedrückt werden.

$$1 = l^2 + m^2 + n^2 \qquad (5.9)$$

$$l = n \cdot \tan(\beta) \qquad (5.10)$$

$$m = n \cdot \tan(\alpha) \qquad (5.11)$$

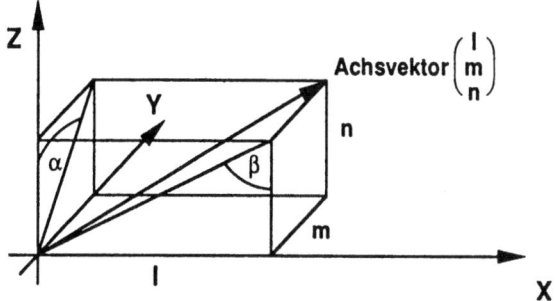

Bild 5.2: Zusammenhang zwischen den Komponenten l, m und n des Achsvektors und Winkeln α und β

Werden die Gleichung (5.9) – (5.11) in (5.8) eingesetzt, so ergibt sich die nichtlineare Zylindergleichung mit den fünf unbekannten Größen r, tan(α), tan(β), x_1 und y_1 zu:

$$r^2 = \frac{[(x-x_1)\tan(\alpha)+(y-y_1)\tan(\beta)]^2 + [y-y_1 + z\tan(\alpha)]^2 + [x-x_1 + z\tan(\beta)]^2}{1 + \tan^2(\alpha) + \tan^2(\beta)}$$

(5.12)

Für eine rechenzeitsparende Ausgleichsrechnung nach Gauß, die, wie oben gezeigt, auf der Lösung eines linearen Gleichungssystems beruht, muß diese Gleichung um die Entwicklungsstellen, das noch unbekannte Optima $(x_1, y_1, \tan(\alpha), \tan(\beta))|_0$, linearisiert werden. Dies geschieht hier durch eine Taylorentwicklung.

$$r^2 = r^2(x_1, y_1, \tan(\alpha), \tan(\beta))\Big|_0 + \frac{\delta r^2}{\delta x_1}\Big|_0 \Delta x_1 + \frac{\delta r^2}{\delta y_1}\Big|_0 \Delta y_1 +$$

$$+ \frac{\delta r^2}{\delta \tan(\alpha)}\Big|_0 \Delta \tan(\alpha) + \frac{\delta r^2}{\delta \tan(\beta)}\Big|_0 \Delta \tan(\beta) \qquad (5.13)$$

Als Abweichfunktion f_i wird die Differenz zwischen dem quadratischen Abstand r_i^2 eines Punktes von der Zylinderachse und dem noch unbekannten quadratischen Zylinderradius R^2 definiert. Mit n Punkten erhält man demnach n Gleichungen der Art:

$$f_i = r_i^2 - R^2 \qquad (5.14)$$

Im Sinne des Gaußschen Minimalprinzips führt dies auf:

$$\underline{\underline{A}} \cdot \underline{\Phi} = \underline{X} \qquad (5.15)$$

mit

$$\underline{X} = \begin{bmatrix} \sum_{i=1}^{n} r^2(x_1, y_1, \tan(\alpha), \tan(\beta))|_o \\ \sum_{i=1}^{n} \frac{\delta r^2}{\delta x_1|_o} r^2(x_1, y_1, \tan(\alpha), \tan(\beta))|_o \\ \sum_{i=1}^{n} \frac{\delta r^2}{\delta y_1|_o} r^2(x_1, y_1, \tan(\alpha), \tan(\beta))|_o \\ \sum_{i=1}^{n} \frac{\delta r^2}{\delta \tan(\alpha)|_o} r^2(x_1, y_1, \tan(\alpha), \tan(\beta))|_o \\ \sum_{i=1}^{n} \frac{\delta r^2}{\delta \tan(\beta)|_o} r^2(x_1, y_1, \tan(\alpha), \tan(\beta))|_o \end{bmatrix} \qquad (5.15a)$$

und

$$\underline{\Phi} = \begin{bmatrix} -R_{|o}^2 \\ \Delta x_1 \\ \Delta y_1 \\ \Delta \tan(\alpha) \\ \Delta \tan(\beta) \end{bmatrix} \qquad (5.15b)$$

$$\begin{bmatrix}
\sum_{i=1}^{n} 1 & \sum_{i=1}^{n} \left.\frac{\delta r^2}{\delta x'}\right|_o & \sum_{i=1}^{n} \left.\frac{\delta r^2}{\delta y'}\right|_o & \sum_{i=1}^{n} \left.\frac{\delta r^2}{\delta \tan(\alpha)}\right|_o & \sum_{i=1}^{n} \left.\frac{\delta r^2}{\delta \tan(\beta)}\right|_o \\[6pt]
\sum_{i=1}^{n} \left.\frac{\delta r^2}{\delta x'}\right|_o & \sum_{i=1}^{n} \left.\frac{\delta r^2}{\delta x'}\right|_o \left.\frac{\delta r^2}{\delta x'}\right|_o & \sum_{i=1}^{n} \left.\frac{\delta r^2}{\delta x'}\right|_o \left.\frac{\delta r^2}{\delta y'}\right|_o & \sum_{i=1}^{n} \left.\frac{\delta r^2}{\delta x'}\right|_o \left.\frac{\delta r^2}{\delta \tan(\alpha)}\right|_o & \sum_{i=1}^{n} \left.\frac{\delta r^2}{\delta x'}\right|_o \left.\frac{\delta r^2}{\delta \tan(\beta)}\right|_o \\[6pt]
\sum_{i=1}^{n} \left.\frac{\delta r^2}{\delta y'}\right|_o & \sum_{i=1}^{n} \left.\frac{\delta r^2}{\delta y'}\right|_o \left.\frac{\delta r^2}{\delta x'}\right|_o & \sum_{i=1}^{n} \left.\frac{\delta r^2}{\delta y'}\right|_o \left.\frac{\delta r^2}{\delta y'}\right|_o & \sum_{i=1}^{n} \left.\frac{\delta r^2}{\delta y'}\right|_o \left.\frac{\delta r^2}{\delta \tan(\alpha)}\right|_o & \sum_{i=1}^{n} \left.\frac{\delta r^2}{\delta y'}\right|_o \left.\frac{\delta r^2}{\delta \tan(\beta)}\right|_o \\[6pt]
\sum_{i=1}^{n} \left.\frac{\delta r^2}{\delta \tan(\alpha)}\right|_o & \sum_{i=1}^{n} \left.\frac{\delta r^2}{\delta \tan(\alpha)}\right|_o \left.\frac{\delta r^2}{\delta x'}\right|_o & \sum_{i=1}^{n} \left.\frac{\delta r^2}{\delta \tan(\alpha)}\right|_o \left.\frac{\delta r^2}{\delta y'}\right|_o & \sum_{i=1}^{n} \left.\frac{\delta r^2}{\delta \tan(\alpha)}\right|_o \left.\frac{\delta r^2}{\delta \tan(\alpha)}\right|_o & \sum_{i=1}^{n} \left.\frac{\delta r^2}{\delta \tan(\alpha)}\right|_o \left.\frac{\delta r^2}{\delta \tan(\beta)}\right|_o \\[6pt]
\sum_{i=1}^{n} \left.\frac{\delta r^2}{\delta \tan(\beta)}\right|_o & \sum_{i=1}^{n} \left.\frac{\delta r^2}{\delta \tan(\beta)}\right|_o \left.\frac{\delta r^2}{\delta x'}\right|_o & \sum_{i=1}^{n} \left.\frac{\delta r^2}{\delta \tan(\beta)}\right|_o \left.\frac{\delta r^2}{\delta y'}\right|_o & \sum_{i=1}^{n} \left.\frac{\delta r^2}{\delta \tan(\beta)}\right|_o \left.\frac{\delta r^2}{\delta \tan(\alpha)}\right|_o & \sum_{i=1}^{n} \left.\frac{\delta r^2}{\delta \tan(\beta)}\right|_o \left.\frac{\delta r^2}{\delta \tan(\beta)}\right|_o
\end{bmatrix}$$

(5.15 c)

Das Gleichungssystem wird iterativ gelöst, indem mit günstig gewählten Minimalstellen gestartet und das Konvergenzverhalten der Lösung numerisch untersucht wird. Selbstverständlich kann die Minimierung des diskreten Funktionals Ω auch anders vorgenommen werden. Vor allem untersucht wurde die Anwendung des Gradienten-Verfahrens auf die doch schon recht komplexen Ausgangsgleichungen. Es zeigte sich bei allen Vergleichsrechnungen, daß ein wesentlich höherer Rechenaufwand zur Erzielung gleicher Konvergenz bei diesen Verfahren nötig war. Vergrößerung der Schrittweite als mögliche Konvergenzbeschleunigung führte meist zu numerischeer Instabilität.

Für die oben gezeigte Methode der Zylinderberechnung werden Startwerte in der Nähe des Optimums der charakteristischen Daten benötigt. Eine Linearisierung unter Vernachlässigung der Glieder höherer Ordnung ist nur um das Optimum erlaubt, da nur dort diese Terme gegen Null gehen. Weiterhin wird mit günstigen Startwerten erreicht, daß die Verfahren nicht lokale Nebenminima errechnen.

Bei vollumschlossenen Zylindern reichen für die Startwertberechnung drei Punkte, die sich in etwa auf einem senkrechten Zylinderschnitt befinden aus. Durch diese drei Punkte wird eine Ebene berechnet, deren Normalenvektor die Richtung der Zylinderachse annähert. Ebenfalls kann durch die drei Punkte ein Kreis bestimmt werden, dessen Radius in der Größenordnung des Zylinderradius sein wird. Die Verlängerung der in den Kreismittelpunkt verschobenen Ebenennormale schneidet die XY-Ebene und legt damit den Startwert dieses Punktes fest.

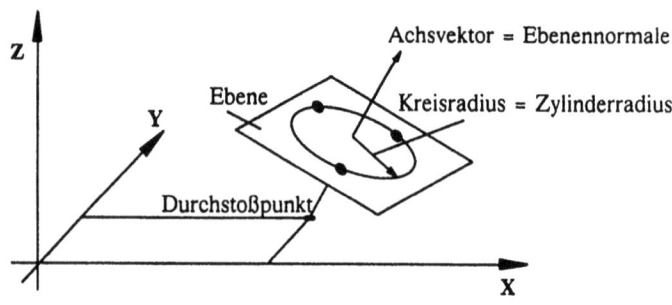

Bild 5.3: Startwertberechnung der Zylinderdaten aus drei Punkten

Problematisch wird das Verfahren, wenn die drei Punkte nicht auf einem Vollkreis liegen, sondern bei einem nicht vollständig ausgeprägten Formelement dicht beieinander. Dann führen schon kleine Fehler der Meßwerte zu einem großen Radiusfehler und insbesondere zu einer stark abweichenden Zylinderachse mit ebensolchem Durchstoßpunkt. Die damit berechneten Formelemente werden falsch (Bild 5.4 a und b).

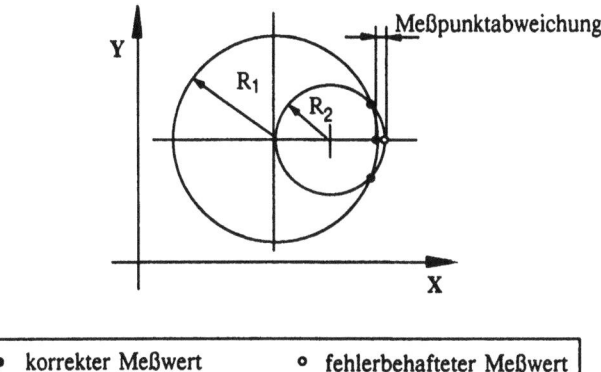

Bild 5.4a: Eine geringe Meßpunktabweichung bewirkt eine große Radius- und Mittelpunktsabweichung bei der Startwertberechnung

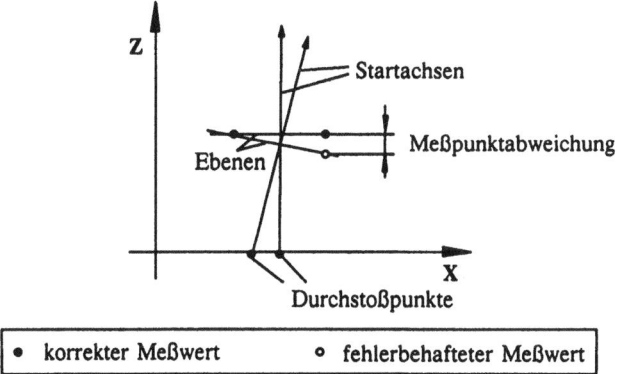

Bild 5.4b: Eine geringe Meßpunktabweichung führt zu einem starken Verkippen der Zylinderachse bei der Startwertberechnung

Aus diesem Grund wurde verlangt, daß mindestens 6 Punkte für die Zylinderberechnung vorhanden sind. Davon müssen die ersten und die zweiten drei Punkte auf jeweils einem zur Zylinderachse senkrechten Zylinderschnitt liegen. Aus den Punkten werden zwei Kreise gebildet, deren mittlerer Radius dem Startwert für den Zylinderradius entspricht. Die Verbindung der Kreismittelpunkte wurde als Startwert für die Zylinderachse verwendet.

Dieses Startwertverfahren hat sich als fehlertolerant und brauchbar erwiesen.

5.1.3 Linearisierte Gleichung zur Berechnung charakteristischer Kegeldaten

Komplexer als das Formelement Zylinder ist das Formelement Kegel. Dies zeigt sich bei der Anwendung von Einpaßverfahren. Die Formulierung des Variationsverfahrens führt hier zu einer funktionalen Form der Gleichung, die schon bei kleinen Abweichungen der Meßpunkte vom Idealelement zu relativ großen Streuung der charakteristischen Daten führen. Der Einfluß von Meßpunktabweichungen macht sich insbesondere auf die Lage der Kegelspitze bemerkbar (Bild 5.5).

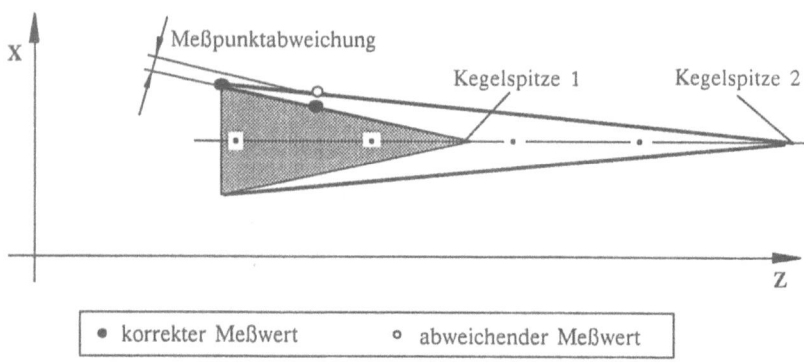

Bild 5.5: Eine kleine Meßpunktabweichung zur Kegeloberfläche bewirkt eine große Abweichung der Kegelspitze

Bei der Einpassung von Standardelementen in eine Punktmenge kann als Fehlerdefinition der senkrechte Abstand der Punkte zur Körperoberfläche angenommen werden. Die Summe aller Abstandsquadrate ist zu minimieren.

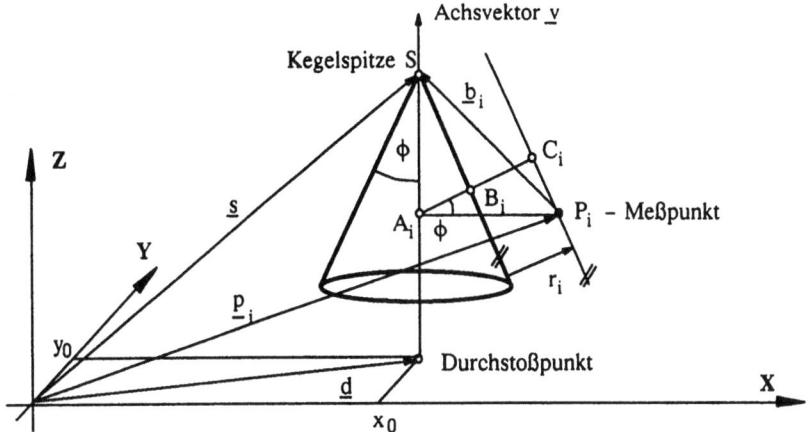

Bild 5.6: Festlegung der Größen zur Kegelberechnung

Der senkrechte Abstand r_i eines Punktes P_i zur Kegeloberfläche berechnet sich mit den Größen aus Bild 5.6 zu:

$$r_i = |\overline{A_i C_i} - \overline{A_i B_i}| = \cos(\phi)\overline{A_i P_i} - \sin(\phi)\overline{A_i S}$$

$$= \cos(\phi)\sqrt{\underline{b}_i^2 - (\underline{b}_i, \underline{v})^2} - \sin(\phi)(\underline{b}_i, \underline{v}) \qquad (5.16)$$

Dabei ist $\underline{b}_i = \underline{s} - \underline{p}_i$

$$\underline{v} = \frac{\underline{s} - \underline{d}}{\|\underline{s} - \underline{d}\|}$$

Führt man zusätzlich folgende Substitutionen ein:

$$\begin{aligned} u &= \cos(\phi) \\ w_i &= \|\underline{b}_i\| \\ v_i &= (\underline{b}_i, \underline{v}) \end{aligned} \qquad \begin{aligned} b_i &= \frac{\sqrt{1-u^2}}{u} \\ a_i &= \sqrt{w_i^2 - v_i^2} \end{aligned} \qquad (5.17)$$

so ergibt sich der Abstand r_i zu:

$$r_i = u \, (a_i - v_i \, b_i)$$

und mit

$$c_i = (a_i - v_i \, b_i)$$

zu

$$r_i = u \, c_i \, (u, s_x, s_y, s_z, x_0, y_0) \qquad (5.18)$$

Die Optimierungsaufgabe lautet:

$$\Omega = \sum_{i=1} r_i^2 \stackrel{!}{=} \text{Minimum} \qquad (5.19)$$

Verfahren, wie etwa das oben kurz angesprochene Gradientenverfahren, zeigen auch bei dieser Variationsaufgabe nur schwache Konvergenz. Erschwerend kommt hier hinzu, daß die transzendenten Funktionen in ihrem Wertebereich begrenzt sind und damit die Schrittweite bei numerischer Differentation sehr klein gewählt werden muß.

Eine Linearisierung der Gleichung für das schnelle Gaußsche Lösungsverfahren scheidet für die oben dargestellten Form (Gleichung 5.19) aus. Die Linearisierung würde um den Wert Null des optimalen Abstands erfolgen und damit den Vektor $\underline{X}$ im Gleichungssystem (5.6) zum Nullvektor machen. Das Gleichungssystem wäre nur trivial lösbar.

Hat man nach einer beliebigen Methode jedoch die charakteristischen Daten für den Kegel in unmittelbarer Nähe des Optimums berechnet, dann läßt sich aus Gleichung (5.19) durch Taylorreihenentwicklung der Vektor zum tatsächlichen Optimum in einem einzigen Schritt bestimmen.

Hierzu wird die Gleichung (5.19) bis zu den Gliedern zweiter Ordnung entwickelt (parabolische Entwicklung). Die Glieder höherer Ordnung können vernachlässigt werden, da nach Voraussetzung der Abstand zum Optimum sehr gering ist und damit das Restglied bei der Entwicklung gegen Null geht [44].

$$\Omega(u+\Delta u, s_x+\Delta s_x, s_y+\Delta s_y, s_z+\Delta s_z, x_0+\Delta x_0, y_0+\Delta y_0) =$$

$$\Omega(u, s_x, s_y, s_z, x_0, y_0) +$$

$$\sum_{i=1}^{2} \frac{1}{i!} \left(\frac{\delta}{\delta u}\Delta u + \frac{\delta}{\delta s_x}\Delta s_x + \frac{\delta}{\delta s_y}\Delta s_y + \frac{\delta}{\delta s_z}\Delta s_z + \frac{\delta}{\delta x_0}\Delta x_0 + \frac{\delta}{\delta y_0}\Delta y_0 \right)^i \Omega(u, s_x, s_y, s_z, x_0, y_0)$$

$$(5.20)$$

Leitet man diese Gleichung partiell nach den charakteristischen Daten ab und setzt die Ableitungen zu Null (Minimumsbedingung), so ergeben sich die folgenden sechs Gleichungen:

$$\begin{bmatrix} \Omega_{uu} & \Omega_{us_x} & \Omega_{us_y} & \Omega_{us_z} & \Omega_{ux_0} & \Omega_{uy_0} \\ \Omega_{us_x} & \Omega_{s_x s_x} & \Omega_{s_y s_x} & \Omega_{s_z s_x} & \Omega_{x_0 s_x} & \Omega_{y_0 s_x} \\ \Omega_{us_y} & \Omega_{s_x s_y} & \Omega_{s_y s_y} & \Omega_{s_z s_y} & \Omega_{x_0 s_y} & \Omega_{y_0 s_y} \\ \Omega_{us_z} & \Omega_{s_x s_z} & \Omega_{s_y s_z} & \Omega_{s_z s_z} & \Omega_{x_0 s_z} & \Omega_{y_0 s_z} \\ \Omega_{ux_0} & \Omega_{s_x x_0} & \Omega_{s_y x_0} & \Omega_{s_z x_0} & \Omega_{x_0 x_0} & \Omega_{y_0 x_0} \\ \Omega_{uy_0} & \Omega_{s_x y_0} & \Omega_{s_y y_0} & \Omega_{s_z y_0} & \Omega_{x_0 y_0} & \Omega_{y_0 y_0} \end{bmatrix} \cdot \begin{bmatrix} \Delta u \\ \Delta s_x \\ \Delta s_y \\ \Delta s_z \\ \Delta x_0 \\ \Delta y_0 \end{bmatrix} = \begin{bmatrix} -\Omega_u \\ -\Omega_{s_x} \\ -\Omega_{s_y} \\ -\Omega_{s_z} \\ -\Omega_{x_0} \\ -\Omega_{y_0} \end{bmatrix} \qquad (5.21)$$

Ein anderes, schnell konvergierendes Verfahren für die Bestimmung eines Ausgleichskegels wird in [11] vorgeschlagen. Für die Abstandsdefinitionen werden die Cosinusfunktionen von Öffnungswinkeln der Kegel herangezogen (Bild 5.7).

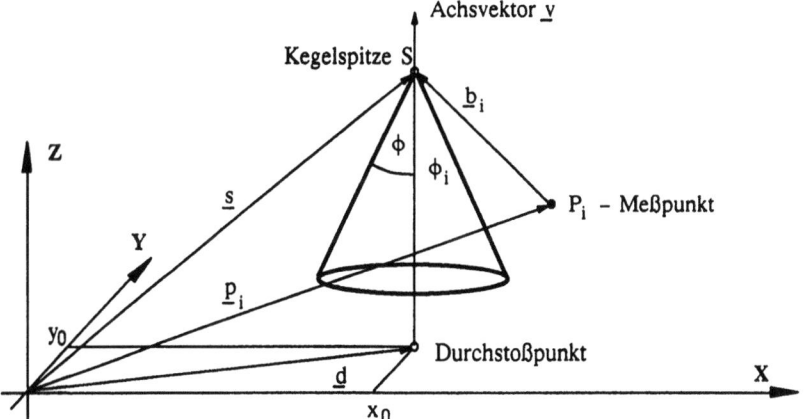

Bild 5.7: Definitionen zur Abstandsbestimmung nach [11]

Das Variationsverfahren lautet:

$$\Omega = \sum_{i=1}^{n} f_i^2 = \sum_{i=1}^{n} (\cos(\phi_i) - \cos(\phi))^2 \stackrel{!}{=} \text{Minimum} \qquad (5.22)$$

oder anders formuliert:

$$\Omega = \sum_{i=1}^{n} \left(\frac{\underline{b}_i \cdot \underline{v}}{\|\underline{b}_i\|} - \cos(\phi) \right)^2 \stackrel{!}{=} \text{Minimum} \qquad (5.23)$$

Bei dem Verfahren werden Winkelfunktionen des halben Kegelwinkels benützt. Die Winkelfunktionen sind jedoch nichtlinear. Damit gehen die Winkeldifferenzen nicht gleichwertig in die Optimierung ein.

Zudem sind die Winkelabweichungen nicht proportional zu den Abständen der Meßpunkte von der Kegeloberfläche. So beeinflußt der Abstand der Meßpunkte von der Kegelspitze das Ergebnis. Ein gleichgroßer senkrechter Abstand eines Meßpunktes zur Kegeloberfläche in der Nähe der Kegelspitze wirkt sich wesentlich stärker auf die Abstandsfunktion aus als dies bei einem entfernteren Punkt sein wird. Bild 5.8 auf der zeigt den Einfluß der Punktlage bezüglich des Kegelöffnungswinkels. Der Meßpunkt P_1 hat den gleichen Abstand zur geometrisch-idealen Kegeloberfläche wie P_2, erzeugt jedoch den wesentlich größeren Kegelwinkel ϕ_1 gegenüber ϕ_2.

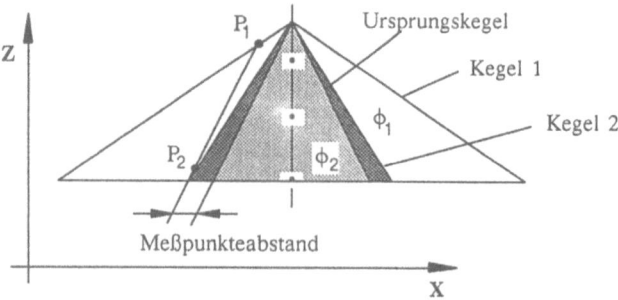

Bild 5.8: Einfluß der Entfernung eines Meßpunktes von der Kegelspitze
auf die Berechnung des Kegelwinkels ϕ bei konstantem
Meßpunkteabstand
1.) geringe Entfernung zur Spitze   -> großer Einfluß
2.) große Entfernung zur Spitze   -> geringer Einfluß

Im folgenden soll deshalb eine erweiterte Methode gezeigt werden, mit der man in wenigen Iterationsschritten in die Nähe des Optimums für die Kegelparameter gelangen kann und bei der das geschilderte Problem der Kegelspitzenentfernung weitgehendst gelöst wird.

Das Variationsverfahren lautet:

$$\Omega = \sum_{i=1}^{n} f_i^2 = \sum_{i=1}^{n} \left(\| \underline{b}_i \| \left(\cos^2(\phi_i) - \cos^2(\phi) \right) \right)^2 \overset{!}{=} \text{Minimum} \qquad (5.24)$$

$\underline{b}_i$ bildet den Vektor eines Meßpunktes zur Kegelspitze (vgl. Bild 5.7).

Mit Hilfe dieses Funktionals gelangt man schnell in die Nähe des durch Gleichung (5.19) charakterisierten Optimums, so daß man dann anschließend das Parabelverfahren zur endgültigen Bestimmung der Kegeldaten nutzen kann.

Der Optimierungsabstand f_i berechnet sich als Funktion der Kegelparameter ($\cos(\phi)$, s_x, s_y, s_z, x_0, y_0) zu:

$$f_i = \sqrt{(s_x - x_i)^2 + (s_y - y_i)^2 + (s_z - z_i)^2} \cdot$$

$$\cdot \left(\frac{\left((s_x - x_i)(s_x - x_0) + (s_y - y_i)(s_y - y_0) + (s_z - z_i) s_z \right)^2}{\left((s_x - x_0)^2 + (s_y - y_0)^2 + s_z^2 \right) \cdot \left((s_x - x_i)^2 + (s_y - y_i)^2 + (s_z - z_i)^2 \right)} - \cos^2(\phi) \right)$$

$$(5.25)$$

Nach der Linearisierung von Gleichung (5.25) kann analog zur Vorgehensweise beim Zylinder ein Gleichungssystem für den Kosinus vom Kegelwinkel $\cos(\phi)$ und die Verbesserungen ($\Delta s_x, \Delta s_y, \Delta s_z, \Delta x_0, \Delta y_0$) aufgestellt und gelöst werden.

Zur Ermittlung der Startwerte des Verfahrens wird wie beim Zylinder verlangt, daß die ersten sechs Meßpunkte auf zwei senkrecht zur Kegelachse liegenden Kegelschnitten angeordnet sind. Aus ihnen werden zwei Kreise berechnet. Die Radiendifferenz und der Abstand der Kreise ermöglicht die Startwinkelberechnung für den Kegelöffnungswinkel.

Bei der Umsetzung und Austestung des Verfahrens erwies sich eine vierstufige Kegelberechnung als zeitgünstigst:

- Startwertberechnung mit 6 Punkten durch Bildung von 2 Kreisen
- Anwendung des Gradientenverfahrens auf das Funktional Ω
- Linearisierung der Gleichung (5.25) und Anwendug des iterativen Matrizenverfahrens gemäß dem Lösungsprinzip nach Gauß (Gleichung 5.4)
- Parabolische Entwicklung der Gleichung (5.25) mit einstufiger Verbesserungsberechnung

5.2 Meßstrategien zur Digitalisierung von Standardformelementen

Meßpunktanzahl und die Lage der Meßpunkte auf der Oberfläche des Werkstückes sind vom Meßtechniker weitgehendst frei wählbar. Nur wenige Vorgaben werden ihm gemacht.

Diese Vorgaben sind wichtig für die Berechnung der ersten Näherung der charakteristischen Daten der Formelemente. Bei den hier untersuchten Elementen Zylinder und Kegel beschränken sie sich auf das Erfassen von zwei mal drei Meßpunkten, die jeweils auf einem Kreis senkrecht zur Längsachse des Formelementes angeordnet sind.

Nicht vorgegeben wird dem Meßtechniker die eigentliche Meßstrategie, d.h. die Verteilung der Antastpunkte auf der Werkstückoberfläche. Beispiele für Meßstrategien, die häufig angewandt werden, sind nachfolgend für Zylinder und Kegel dargestellt (Bild 5.9). Der Einfluß dierser jeweiligen Meßstrategie auf die Meßergebnisse wird im nachfolgenden Kapitel gezeigt.

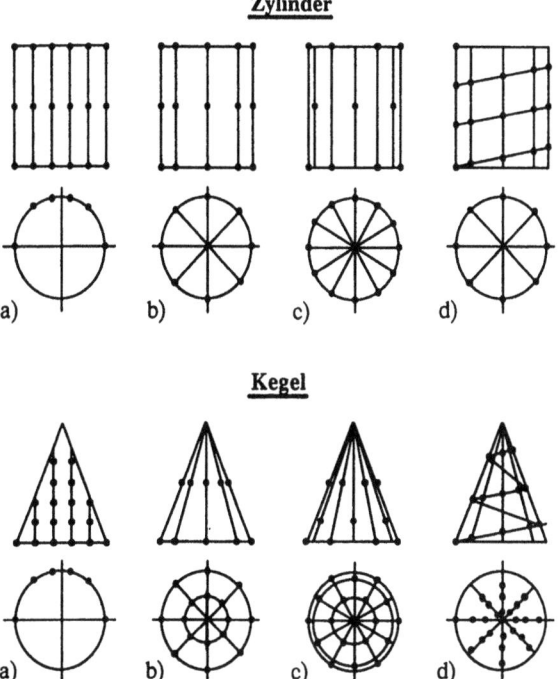

Bild 5.9: Meßpunktverteilung beim Zylinder und Kegel

Die einzelnen Meßstrategien, Meßpunktverteilung senkrecht zur Längsachse des Formelementes sowie Meßpunkte auf Spiralinien, wurden jeweils mit Meßpunktanzahlen zwischen 6 und 100 erprobt.

Bei ersterer können die Punkte eine unterschiedliche Dichte entlang dem Kegelschnitt annehmen, sie können weiterhin - bezogen auf die Schnitte - gegeneinander verschoben sein. Bei zweiterer kann die Anzahl der Umdrehungen der Spirallinie variiert werden.

Die in Bild 5.9a gezeigte Meßpunktverteilung kommt in der Praxis oft vor, wenn das Werkstück bei einer geklemmten Achsrichtung abgescannt wird. Dabei wird entlang einer Linie in bestimmten Abständen ein Oberflächenmeßwert erfaßt.

Die Methoden von Bild 5.9b - 5.9d bieten sich insbesondere bei der Verwendung eines Drehtisches an. Das Werkstück ist auf diesem Tisch befestigt, der definierte Rotationen in Winkelschritten ausführt. Der Meßtaster verfährt bei der Meßpunktaufnahme in zwei Achsen.

5.3 Abhängigkeit des Meßergebnisses von einer nur partiell erfaßbaren Formfläche

Bei einer Vielzahl von praktischen Messungen ist es nicht möglich, die Meßpunktaufnahme gleichverteilt auf einem voll ausgebildeten Formelement durchzuführen. So steht beispielsweise bei einem Schmiedegesenk nur eine Gesenkhälfte mit halben Formelementen zur Bestimmung der Istoberfläche zur Verfügung.

Diese Einschränkung hat einen erheblichen Einfluß auf das Meßergebnis. Die Auswirkung soll bei verschiedenen Öffnungswinkeln für den Zylinder und den Kegel aufgezeigt werden.

5.3.1 Auswirkungen der Oberflächeneinschränkung auf das Meßergebnis beim Zylinder

Bei den durchgeführten Meßsimulationen befand sich der Schwerpunkt des Zylinders im Nullpunkt des Koordinatensystems (Bild 4.10). Der in Bild 4.6 gezeigte Durchstoßpunkt der Zylinderachse ist damit auf eine neutrale Ebene bezogen und unabhängig von den berechneten Kippwinkeln α und β. Das folgende Bild erläutert alle verwendeten Größen.

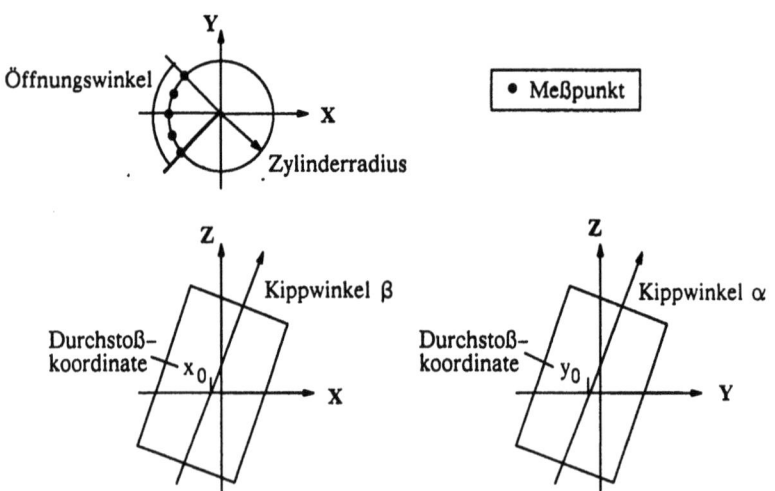

Bild 5.10: Visuelle Verdeutlichung der in den nachfolgenden Diagrammen aufgezeigten charakteristischen Größen

Die in Bild 5.9 gezeigte Meßstrategie (a) wurde für Zylinderöffnungswinkel von 60 bis 180 Grad untersucht. Die Ergebnisse zeigen bei einem 60 Grad-Öffnungswinkel im Durchschnitt schon erhebliche Abweichungen der berechneten Radien gegenüber dem Ausgangsradius (Bild 5.11). Es wird deutlich, daß mit den vorliegenden Verfahren bei kleineren Öffnungswinkeln fehlerhafte Ergebnisse ermittelt werden.

Die Begründung hierfür liegt in der Nichtlinearität der Zylinderfunktion. Bei kleiner werdenden Öffnungswinkeln beeinflussen die Unsicherheiten der Meßpunkte erheblich stärker den möglichen Wertebereich der charakteristischen Daten. So wurde z.B. schon bei Untersuchungen am Kreis mit der ebenfalls nichtlinearen Kreisgleichung (Bild 4.3) festgestellt, daß bei der gezeigten Meßunsicherheit mehr errechnete Kreismittelpunkte oberhalb des dargestellten Ausgangsmittelpunktes lagen und auch die Mehrheit der errechneten Radien kleiner waren als der Ausgangsradius.

Erwartungsgemäß nimmt die in Bild 5.11 gezeigte Streuung der aus vielen Meßsimulationen ermittelten Radien bei zunehmendem Öffnungswinkel ab; auch dies Verhalten veranschaulicht schon die Darstellung in Bild 4.2 und 4.3.

Die nachfolgend betrachteten Ergebnisse beziehen sich auf einen Zylinder mit der Höhe von 100 und einem Durchmesser von 10 Einheiten. Die simulierte Standardabweichung der Meßpunkte betrug 0.01 Einheiten bei einer Normalverteilung der Abweichungen.

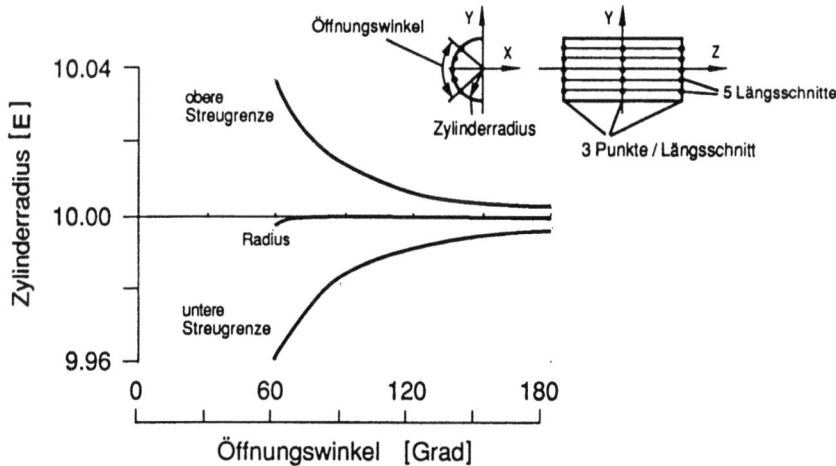

Bild 5.11a: Änderung des berechneten mittleren Zylinderradius mit seinem Streubereich (10.000 Meßsimulationen pro Winkel, Strategie(a)). bei 5 Längsschnitten mit jeweils 3 Punkte/Schnitt

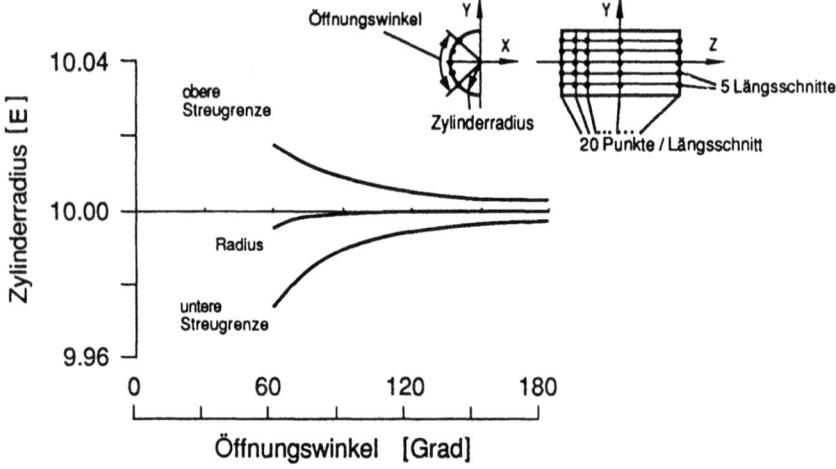

Bild 5.11b: Änderung des berechneten mittleren Zylinderradius mit seinem Streubereich (10.000 Meßsimulationen pro Winkel, Strategie(a)). bei 5 Längsschnitten mit jeweils 20 Punkte/Schnitt

Die maximale Verkleinerung der mittleren Radien bei einem vorgegebenen Öffnungswinkel besitzt einen Grenzwert. Dieser wurde im oben dargestellten Fall bei 20 Punkten je Schnitt erreicht. Eine höhere Meßpunktanzahl änderte nichts an diesem Resultat.
Synchron mit Radienverkleinerung verschob sich der berechnete Zylinderachsendurchstoßpunkt in die Richtung der Meßpunkte (negative X-Richtung in Bild 5.10).

Die Ergebnisse der untersuchten Strategien (b) und (c) unterscheiden sich voneinander bei 8 Punkten auf jeder Ebene hinsichtlich des mittleren Radius nur bis zu einem 90-Grad-Öffnungswinkel und bezüglich der Radienstreuung bis zu einem Öffnungswinkel von 180 Grad. Strategie (b) ergab Meßergebnisse mit geringerer Streuung als Strategie (c) bei relativ kleinen Meßpunktzahlen. Ab 50 Punkten je Schnitt war kein Unterschied zwischen beiden Strategien mehr erkennbar. Deshalb wird für praktische Anwendungen die Strategie (b) favorisiert (Bild 5.12).

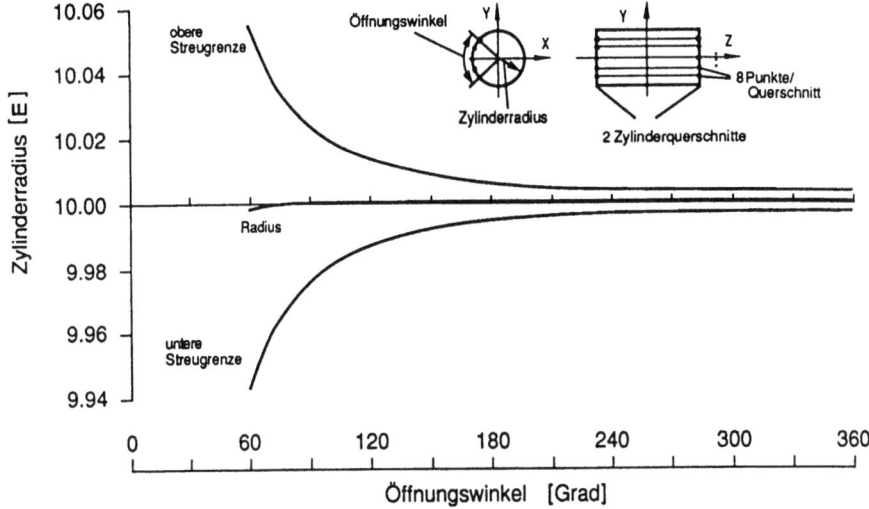

Bild 5.12a: Änderung des berechneten mittleren Zylinderradius mit seinem Streubereich (10.000 Meßsimulationen, Strategie (b)) bei 2 Querschnitten mit jeweils 8 Punkte/Schnitt

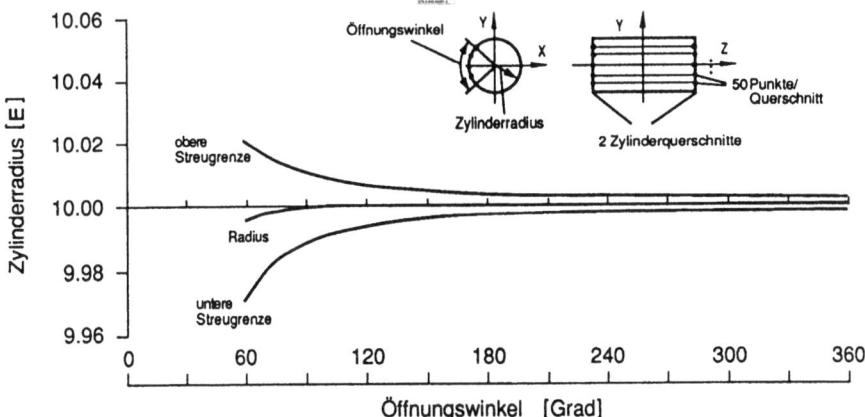

Bild 5.12b: Änderung des berechneten mittleren Zylinderradius mit seinem Streubereich (10.000 Meßsimulationen, Strategie (b)) bei 2 Querschnitten mit jeweils 50 Punkte/Schnitt

Die Meßstrategie (d) zeigte bei der vorliegenden Form der bei den Simulationen normalverteilen Fehler keine Vorteile gegenüber den anderen Strategien. Sie lieferte erst ab drei Steigungsgängen über der Zylinderhöhe und ab einem Zylinderöffnungswinkel von 120 Grad meßtechnisch verwertbare Ergebnisse.

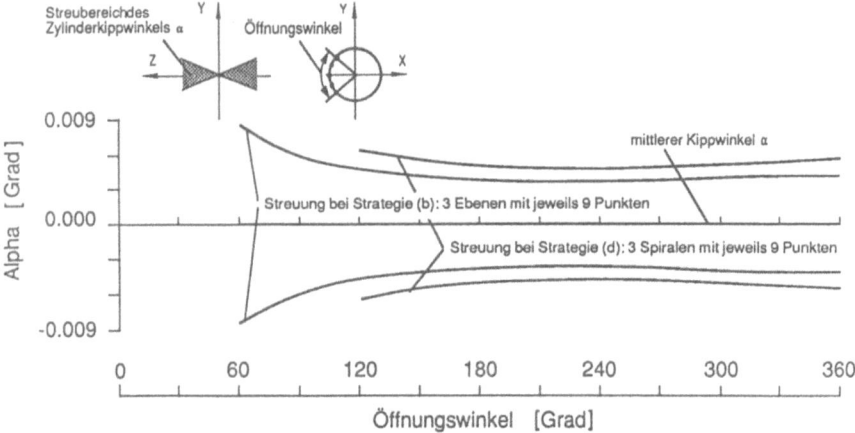

Bild 5.13a: Berechnete Streuung des mittleren Kippwinkel α über dem Öffnungswinkel (10.000 Meßsimulationen) für die Strategie (b) mit 3 Ebenen bei 8 Punkten/Ebene und die Strategie (d) mit 3 Spiralen bei 9 Punkten/Spirale.

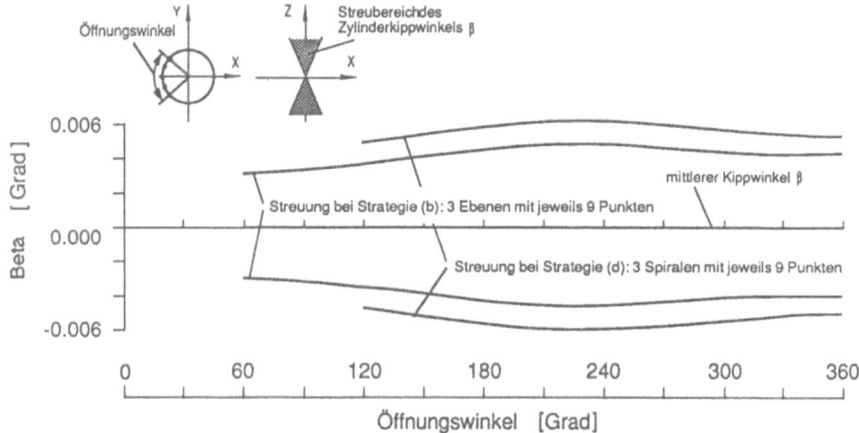

Bild 5.13b: Berechnete Streuung des mittleren Kippwinkel β über dem Öffnungswinkel (10.000 Meßsimulationen) für die Strategie (b) mit 3 Ebenen bei 8 Punkten/Ebene und die Strategie (d) mit 3 Spiralen bei 9 Punkten/Spirale.

Die Streuung, insbesondere die der Kippwinkel α und β, ist bei der Spiralverteilung der Meßwerte größer als bei den anderen untersuchten Punktverteilungen (Bild 5.13). Die Begründung liegt darin, daß bei der spiralförmigen Punktverteilung das meßbare Segment des Formelementes nicht gut von den Punkten umschlossen wird.

Vorteile wird diese Strategie jedoch dann bringen, wenn entlang der Längsrichtung des Zylinders eine Formabweichung vorhanden ist. Diese Formabweichung wird sonst nur noch von Strategie (a) mit vielen Punkten je Längsschnitt erkannt.

Für die Ausrichtung der Zylinderachse erwies sich die Strategie (b) am günstigsten. Die besten Resultate wurden erzielt, wenn die Meßpunkte auf nur zwei horizontalen Zylinderschnitten im maximal möglichen Abstand verteilt waren.

Die Radienberechnung bei den Simulationen ergeben, daß bei kleinen Öffnungswinkeln die Messung im Mittel mit weniger Punkten bessere Resultate zeigt als mit vielen Punkten. Die Begründung liegt in dem nichtlinearen Verhalten der Einpaßfunktion.

Ab einem Zylinderöffnungswinkel von etwa 120 Grad wurde unabhängig von der angewandten Strategie keine Abweichung des ermittelten Radius mehr registriert.

Um von der Meßpunktstreuung einer einzelnen Zylindermessung auf den Unsicherheitsbereich der charakteristischen Daten schließen zu können, wurde für jede der Strategien und jedes Formelement bei den Simulationen das Verhältnis

$$k_\Phi = \frac{\text{Streubereich der charakteristischen Daten } \Phi}{\text{Streubereich der Meßpunkte bei jeder Einzelmessung}} = \frac{s_\Phi}{s_{\text{Meßpkt}}}$$

(5.26)

berechnet. Dieses Verhältnis wird dem Meßtechniker zur Abschätzung des möglichen Streubereiches der charakteristischen Formdaten aus schon einer einzelnen Messung vorgeschlagen.

$$s_\Phi = k_\Phi \cdot s_{\text{Meßpunkte}}$$

(5.27)

$$\Phi = X, Y, \text{Radius}, \tan(\alpha), \tan(\beta)$$

Die bei den Simulationen erzielten Werte für k_Φ sind in Abhängigkeit der Öffnungswinkel in Diagrammen (s. z.B. Bild 5.14) dargestellt. Solche Diagramme, die der Meßtechniker direkt benutzen kann, gibt es für jedes Formelement und für die gebräuchlichsten Meßpunktzahlen.

Bild 5.14 zeigt die k_Φ-Kurven für die Meßpunktverteilung (c) bei 4 Schnittebenen mit gleichem Abstand zueinander und 12 Punkten je Ebene. Da die aufgetragenen k-Werte statistisch ermittelt wurden, ist in den Diagrammen der jeweilige Unsicherheitsbereich eingezeichnet, in dem sich die Kurve mit einer Aussagewahrscheinlichkeit von 68.3 % befinden wird.

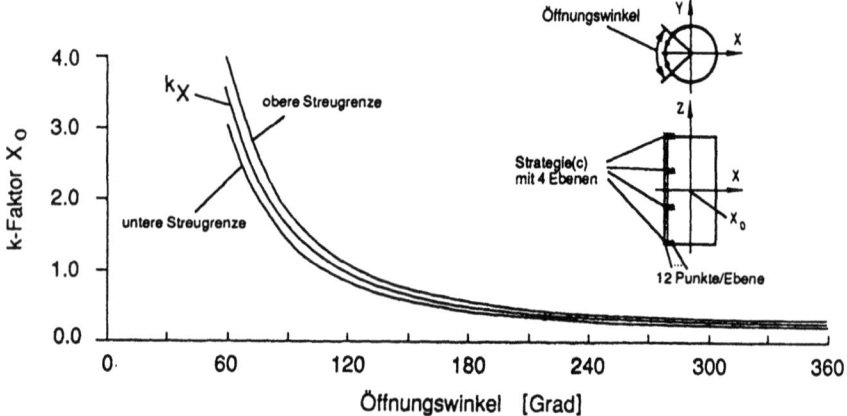

Bild 5.14a: k-Faktoren der Durchstoßpoordinate X bei Zylindermessungen nach Strategie (c) mit 4 Ebenen und 12 Punkten je Ebene

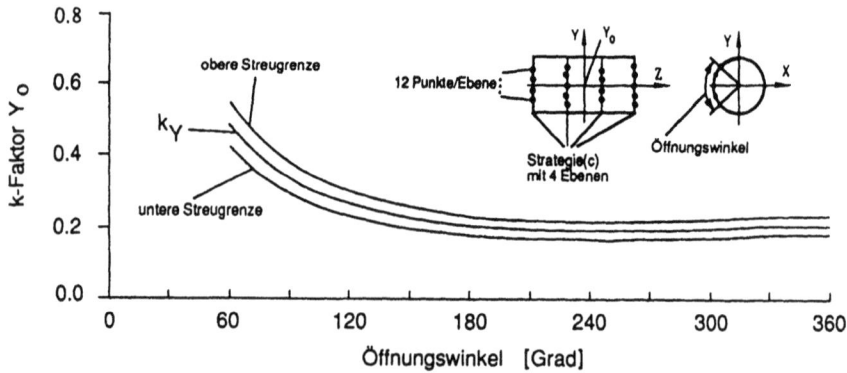

Bild 5.14b: k-Faktoren der Durchstoßpoordinate Y bei Zylindermessungen nach Strategie (c) mit 4 Ebenen und 12 Punkten je Ebene

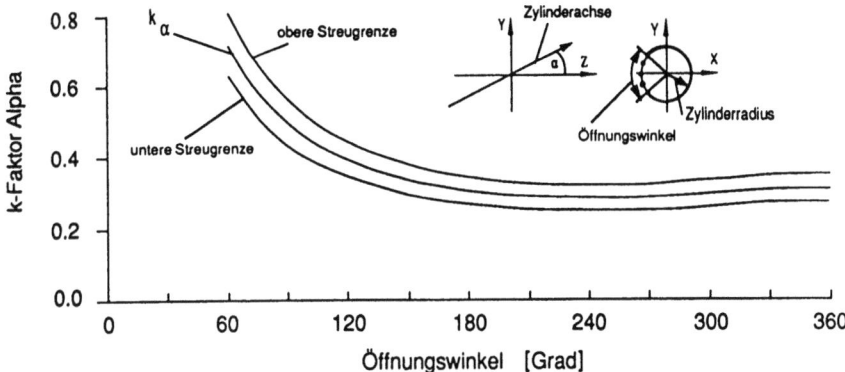

Bild 5.14c: k-Faktoren des Zylinderachswinkels α bei Zylindermessungen nach Strategie (c) mit 4 Ebenen und 12 Punkten je Ebene

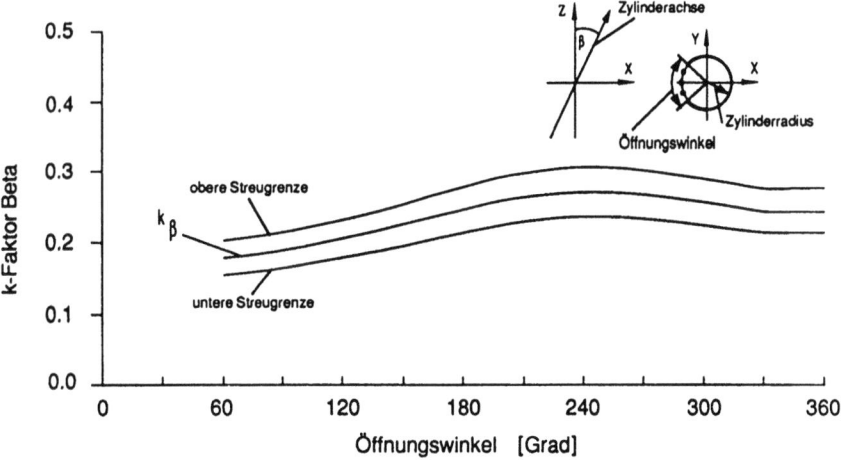

Bild 5.14d: k-Faktoren des Zylinderachswinkels β bei Zylindermessungen nach Strategie (c) mit 4 Ebenen und 12 Punkten je Ebene

Der Einfluß der Meßpunktmenge auf die Unsicherheit der charakteristischen Daten ist anhand der Strategie (c) bei 2 Meßebenen für den Zylinderradius gezeigt (Bild 5.15).

Bei 8 Meßpunkten je Ebene und Öffnungswinkeln bis 125 Grad ergibt sich für den Radius eine größere Unsicherheit, als die Unsicherheit der einzelnen Meßpunkte (k>1). Bei größeren Winkeln wird dies invertiert und die Unsicherheit für Radien nimmt rapide mit zunehmenden Winkel ab. Bei 50 Punkte je Schnitt tritt dieses Umklappen des Verhältnisses schon bei einem Winkel von 90 Grad auf.

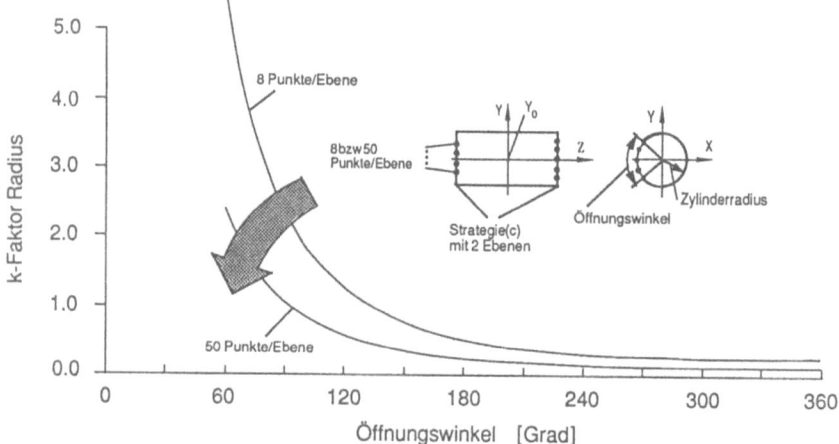

Bild 5.15: Entwicklung der k-Faktoren für Zylinderradien bei zunehmender Punktzahl (Meßstrategie (c) mit 2 Ebenen).

5.3.2 Auswirkungen der Oberflächeneinschränkungen auf das Meßergebnis beim Kegel

Bei dem Kegel ist im Gegensatz zum Zylinder kein neutraler Drehpunkt der Achse festlegbar. Es gehen die Abstände der Meßwerte von der Kegeloberfläche nicht gleichwertig in die Bestimmung der charakteristischen Kegeldaten ein (Bild 5.8). Vielmehr ist der jeweilige Punktabstand zur Kegelspitze entscheidend.

Die in dieser Arbeit untersuchten Kegel sind im zugrundeliegenden XYZ-Koordinatensystem so angeordnet, daß erstens ihre Längsachse sich mit der Z-Achse deckt und daß zweitens 2/3 ihrer Höhe über die XY-Ebene hinausragt. Es wurden 10.000 Meßsimulationen je Kegeltyp und Öffnungswinkel durchgeführt. Dabei hatten die Kegel eine Höhe von 150 Einheiten, die simulierte Streuung betrug 0.01 Einheiten.

Im folgenden Bild werden die in den Diagrammen verwendeten Bezeichnungen dem Kegel zugeordnet:

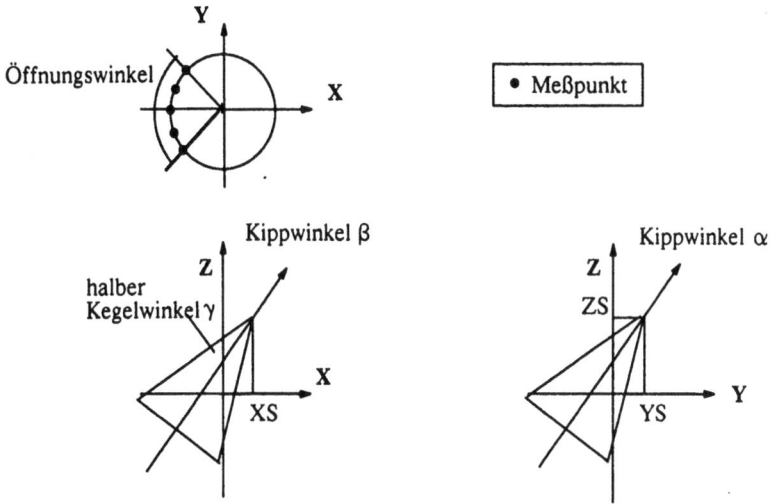

Bild 5.17: Anordnung der verwendeten Größen in den Kegeldiagrammen

Einen erkennbaren Unterschied zwischen den Ergebnissen der Meßstrategie (b) und (c) zur Kegelmessung gab es bei einer großen Meßpunktzahl grundsätzlich nicht. Lediglich bei wenigen Meßpunkten zeigte Strategie (c) eine etwas geringere Abweichung von den vorgegebenen charakteristischen Daten.

Strategie (a) und (d) sind hinsichtlich der Streubreite der charakteristischen Daten allgemein schlechter als Strategie (b) und (c). Bei Meßstrategie (a) hat es sich bezüglich des Kegelwinkels als günstig erwiesen, auf vielen parallelen Meßschnitten zu messen (Bild 5.9 a).

Strategie (d) ist vom Ergebnis her erst ab 3 Windungen über der Kegelhöhe anwendbar. Die anderen Strategien sind jedoch vorzuziehen.

Bezüglich der Kegelwinkeländerung bei kleinen Öffnungswinkeln des meßbaren Segments ist folgendes Verhalten auffällig, das durch die Nichtlinearität der Kegelfunktionen bedingt und bei allen Meßstrategien beobachtbar ist:

Bei einem kleinen Öffnungswinkel des meßbaren Segments werden große Kegelwinkel im Mittel zu groß und kleine Kegelwinkel zu klein durch das Verfahren errechnet (Bild 5.18).

Die Winkelabweichung nimmt bei zunehmender Meßpunktzahl zu und erreicht ihren maximalen Grenzwert bei Anwendung der Strategie (c) bei 30 Punkten je Meßebene.

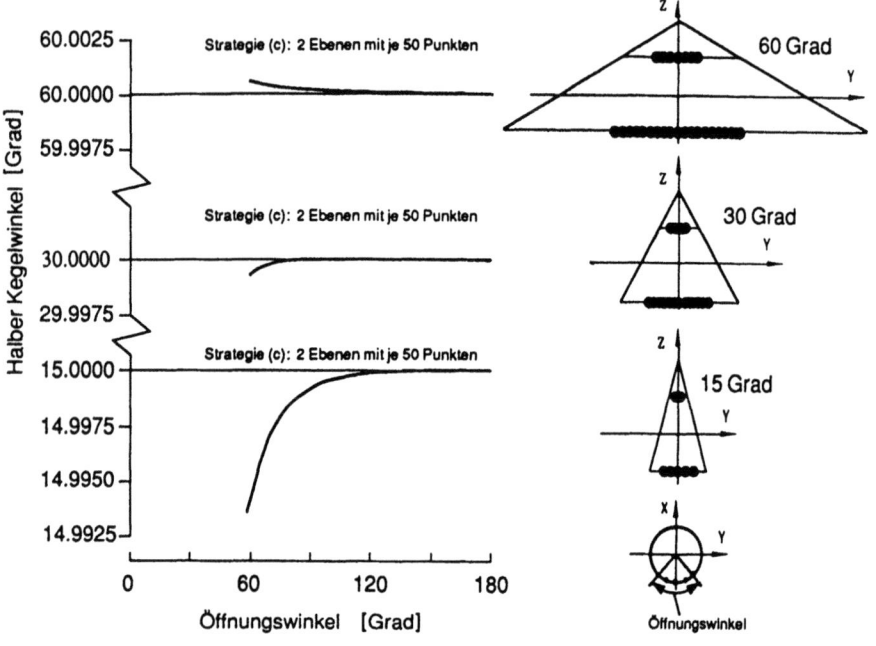

Bild 5.18: Abweichungen vom vorgegebenen Kegelwinkel als Funktion des Öffnungswinkels (Strategie (c), 2 Ebenen / 50 Punkte)

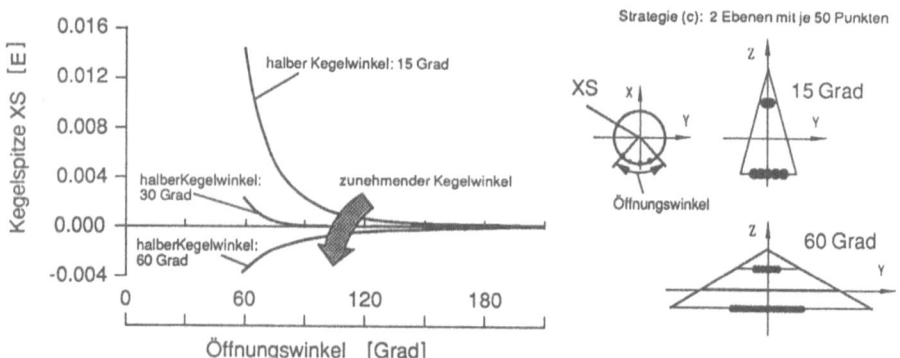

Bild 5.19: Tendenzielle Verschiebung der Kegelspitzkomponente XS als Funktion des Kegelwinkels und des Öffnungswinkels (Strategie (c), 2 Ebenen / 50 Punkte)

Die Verschiebung der Kegelspitze hängt unter anderem linear von der Kegellänge ab. Sie nimmt bedingt durch die Unsicherheit der Achswinkel mit zunehmender Länge zu (Strahlensatz).

Für die Messung wird die Strategie (b) und (c) empfohlen. Strategie (a) und (d) zeigten schlechtere Werte.

Interessant ist die Tatsache (Bild 5.19), daß ab einem Kegelwinkel von 45 Grad die Kegelspitzkoordinate XS in Richtung der Meßpunkte abweicht (negative X-Richtung in Bild 5.17). Die Ursache für die Verschiebung liegt, wie beim Zylinder, in der Verteilung der Meßpunkte auf dem Segment, verbunden mit der Nichtlinearität des Einpaßverfahrens.

Wie vermutet haben die Meßstrategien (a) - (d) keinen Einfluß auf den Erwartungswert YS der Kegelspitze. Die Meßpunkte sind symmetrisch zur XZ-Ebene angeordnet.

Hingegen zeigt die Kegelspitzkoordinate ZS eine starke Abhängigkeit von der Meßstrategie und vor allem vom Kegelwinkel (Bild 5.20). Die Tendez geht durchweg in Richtung größerer Werte, wobei dies insbesondere bei steilen Kegeln der Fall ist.

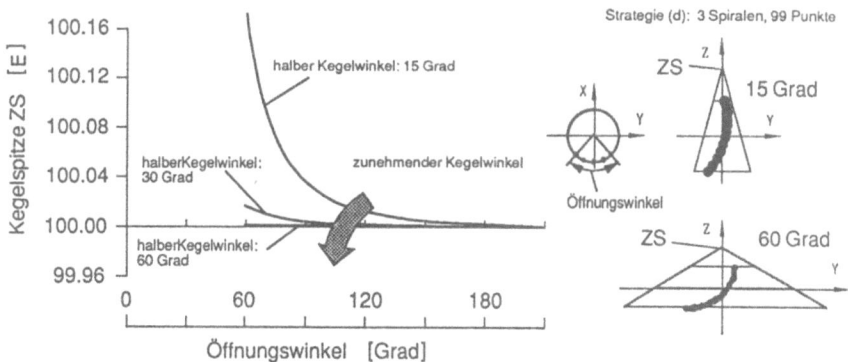

Bild 5.20: Tendenzielle Abhängigkeit der Kegelspitzkoordinate ZS vom Öffnungswinkel des Segments und vom Kegelwinkel (Strategie (d), 3 Spiralen mit insgesamt 99 Punkten)

Der Achskippwinkel α beträgt erwartungsgemäß bei den untersuchten Meßpunktverteilungen im Mittel 0 Grad. Anders verhält es sich bei dem Achskippwinkel β. Es ergaben sich für ihn bei allen untersuchten Strategien positve Werte. Der Neigungsbetrag nimmt mit zunehmendem Kegelwinkel ab (Bild 5.21).

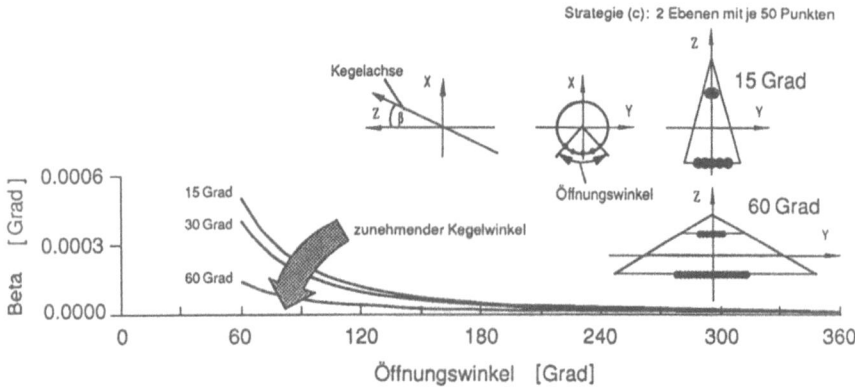

Bild 5.21: Neigung des Achskippwinkel β als Funktion des Kegelwinkels und des Segmentöffnungswinkels (Strategie (c), 2 Ebenen / 50 Punkte)

Maßgeblich für die Beurteilung von Meßstrategien ist nicht nur der Erwartungswert der charakteristischen Daten eines Formelementes, sondern auch die Unsicherheit mit der das Ergebnis versehen ist.

Die folgenden Diagramme der k-Faktoren (Bild 5.22 bis 5.27) liefern in Verbindung mit Gleichung 5.26 eine entsprechende Aussage.

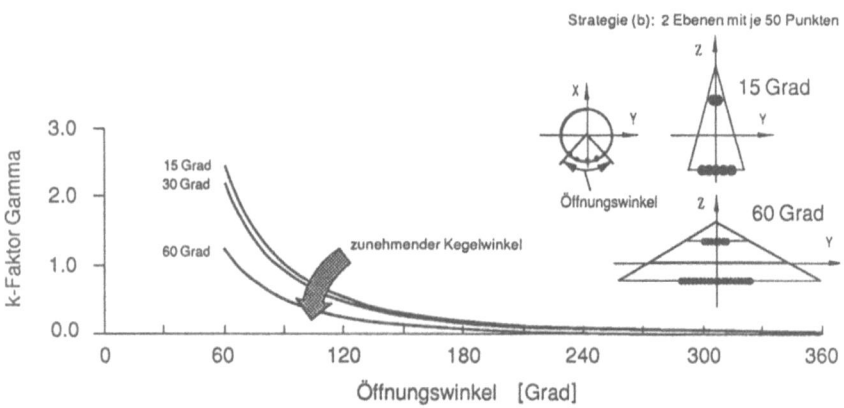

Bild 5.22: k-Faktoren für den Kegelwinkel γ als Funktion des Segmentöffnungswinkels (Strategie (b), 2 Ebenen / 50 Punkte)

Die Kurven der k-Faktoren für den Kegelöffnungswinkel weisen Strategie (b) und (c) als die günstigsten aus. Die Streuung der Meßpunkte wirkt bei großen Kegelöffnungswinkeln γ am schwächsten auf die Unsicherheit der charakteristischen Daten (Bild 5.22).

Für die Unsicherheit der Kegelspitzkoordinate gilt folgendes: Die Unsicherheit hängt unter anderem linear von der Kegellänge ab. Die Streuung der Meßwerte beeinflußt die Streuung von XS und YS bei großen Kegelwinkeln stärker als bei kleinen. Hingegen wird ZS bei großen Winkeln weniger beeinflußt (Bild 5.23 bis Bild 5.25).

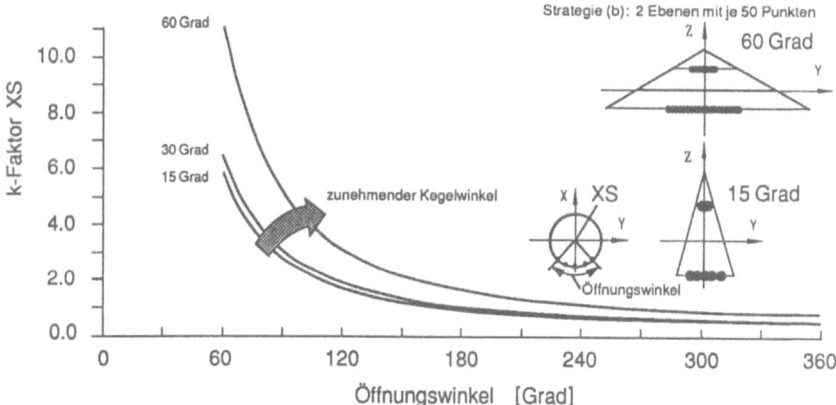

Bild 5.23: k-Faktoren für die Kegelspitzkoordinate XS als Funktion des Segmentöffnungswinkels (Strategie (b), 2 Ebenen / 50 Punkte)

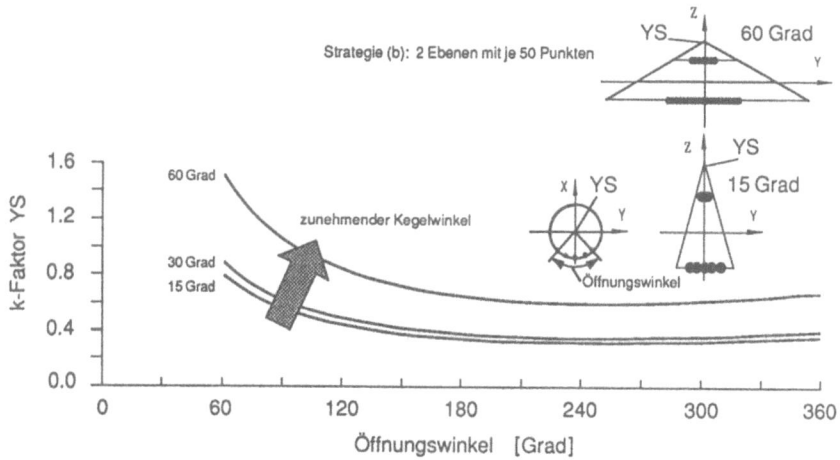

Bild 5.24: k-Faktoren für die Kegelspitzkoordinate YS als Funktion des Segmentöffnungswinkels (Strategie (b), 2 Ebenen / 50 Punkte)

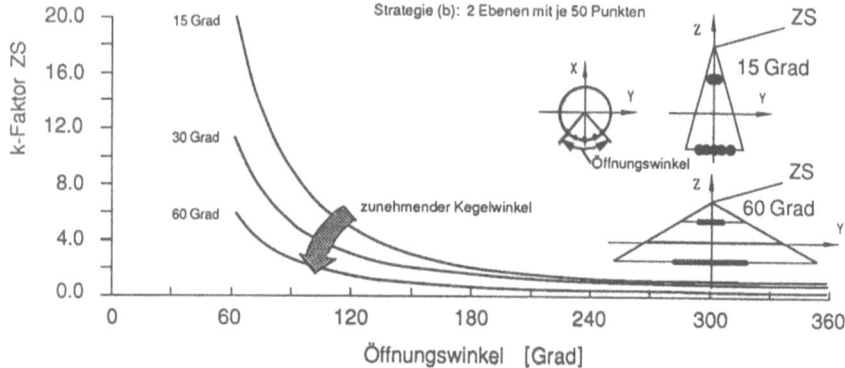

Bild 5.25: k-Faktoren für die Kegelspitzkoordinate ZS als Funktion des Segmentöffnungswinkels (Strategie (b), 2 Ebenen / 50 Punkte)

Für die Unsicherheit der Kegelachswinkel gilt, daß mit zunehmendem Kegelwinkel γ die Streuung geringer wird (Bild 5.26 und Bild 5.27). Auch hier zeigen die Strategien (b) und (c) die besten Resultate.

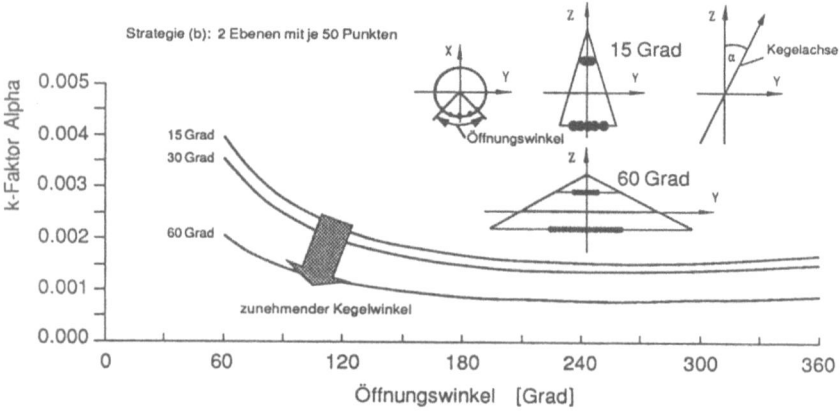

Bild 5.26: k-Faktoren für den Kegelachswinkel α als Funktion des Segmentöffnungswinkels (Strategie (b), 2 Ebenen / 50 Punkte)

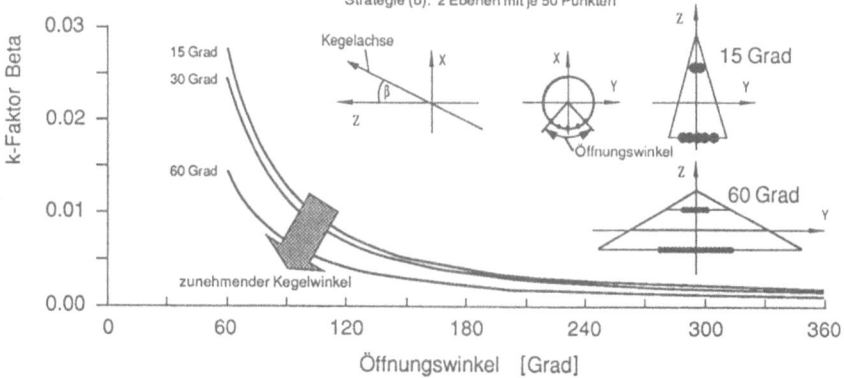

Bild 5.27: k-Faktoren für den Kegelachswinkel β als Funktion des Segmentöffnungswinkels (Strategie (b), 2 Ebenen / 50 Punkte)

5.4 Zusammenfassende Bemerkung zur Meßerfassung von Standardformelementen

Ein wesentlicher Faktor bei der Meßwertverarbeitung sind die Meßpunkte, die für die Berechnung einer ersten Näherung des Formelementes herangezogen werden. Diese Näherungswerte dienen als Startwerte einer iterativen Verbesserung und beeinflussen die Qualität des Ergebnisses sowie die benötigte Rechenzeit. Weichen die Startwerte stark von den Istwerten ab, dann sind sie nicht als Eingangsdaten für die linearisierte Form der Optimierungsverfahrens geeignet. Aus diesen Gründen ist der Aufnahme der ersten Meßdaten besondere Aufmerksamkeit zu schenken. Sie müssen exakt nach der vorgegebenen Vorschrift plaziert werden.

Günstig für die industrielle Anwendung sind Sollwertinformationen. Sie sind meist in technischen Zeichnungen oder im CAD-Rechnermodell hinterlegt. In der Regel wird das zu messende Formelement diesen Daten in etwa genügen. Werden die Solldaten als Startwerte für die iterative Berechnung genutzt, dann wird eine mögliche Fehlerquelle der Einpaßverfahren eliminiert.

Zylinder- und Kegelberechnung erfolgen, wie Eingangs schon beschrieben, durch nichtlineare Gleichungen. Die Verfahren gehen weiterhin von einer Meßpunktverteilung über dem gesamten Formelement aus. Wird diese Voraussetzung verletzt, wie bei den hier durchgeführten Untersuchungen, dann sind unter Umständen falsche charakteristische Formdaten zu erwarten. Mögliche Abweichungen wurden oben in Diagrammen dargestellt.

Auch die Unsicherheit der berechneten charakteristischen Daten sind eine Funktion der messbaren Winkelsegmentgröße. Sie lassen sich mit den dargestellten k-Faktor-Kurven abschätzen.

Für die in dieser Arbeit verwendeten Einpaßalgorithmen haben sich die Strategie (b) und (c) als gleichwertig und recht günstig erwiesen. Im Hinblick auf eine gute Aussagesicherheit ist jedoch eine verhältnismäßig hohe Meßpunktanzahl erforderlich. Die dargestellten Kurven zeigen dies sehr anschaulich. Strategie (a) und (d), die gern aus meßtechnischen Gründen herangezogen werden, liefern nicht so gute Ergebnisse und sollten deshalb vermieden werden.

In den nachfolgenden Tabellen sind die Ergebnisse der Bewertung der Simulationen dargestellt, die mit einigen gängigen Meßstrategien erzielt wurden. Bewertet wurden die Meßstrategien mit einer Notenskala von eins bis fünf. Diese Noten wurden bei jeder Meßstrategie für charakteristische Daten und deren k-Faktoren vergeben, die aus den Simulationsrechnungen ermittelt wurden. Nicht mehr in die dargestellte Bewertung miteinbezogen wurden die Meßstrategien der ein- und zweifachen spiralförmigen Datenaufnahme. Beide Typen wurden, sowohl was die charakteristischen Daten als auch die k-Faktoren anbelangt, durchweg mit der Note fünf bewertet.

Bewertet wurde beim Zylinder die Streuungen der Zylinderachswinkel α und β sowie der Achsdurchstoßkoordinate Y_0 und beim Kegel die Streuungen des Zylinderachswinkels α und der Kegelspitzkoordinaten XS und YS. Weiterhin wurde beim Zylinder die Größe der Abweichung vom Ausgangsradius R und der Achsdurchstoßkoordinate X_0 und beim Kegel die Größe der Abweichung des Kegelöffnungswinkels γ, des Achswinkels β sowie der Kegelspitzkoordinaten XS und ZS bewertet.

Die Tabellen zeigen, daß Strategien unterschiedliche Güte hinsichtlich der charakteristischen Daten aufweisen. So ist beispielsweise bei Zylindern mit kleinen Segmentwinkeln die Strategie (c) mit 2 Ebenen zu jeweils 8 Punkten hinsichtlich der Radiusabweichung günstiger als die gleiche Anordnung mit jeweils 50 Punkten. Genau andersherum verhält es sich dagegen mit der Achsausrichtung α und β bei gleicher Meßstrategie.

Mit den nachfolgenden Tabellen ist die Möglichkeit gegeben, die beste der dargestellten Meßstrategien für die Bestimmung eines charakteristischen Wertes oder die Festlegung seiner Streubreite auszuwählen.

Tabelle 1: Bewertungstabelle für Zylindermeßstrategien

Zylinder										
Strategie:	A	A	A	A	A	A	A	A	A
Längsschnitte:	3	3	5	5	5	7	7	10	10
Punkte/Schnitt:	5	33	3	10	20	3	14	3	10
Gesamtpunktzahl:	15	99	15	50	100	21	98	30	100
Zylinderradius:	1	3	1	3	3	1	2	2	3
Durchstoßpunkt X0:	1	4	2	3	3	2	3	2	3
Durchstoßpunkt Y0:	3	1	3	2	1	3	1	2	1
Achswinkel Alpha:	4	1	4	2	1	4	1	3	1
Achswinkel Beta:	3	1	3	2	1	4	1	3	2
k-Faktor Radius:	4	1	4	2	1	2	1	2	1
k-Faktor X0:	4	1	4	2	1	3	1	2	1
k-Faktor Y0:	4	1	4	2	1	3	1	2	1
k-Faktor Alpha:	4	1	4	3	2	3	2	3	2
k-Faktor Beta:	4	1	4	2	1	4	1	4	1

Zylinder

	B	B	B	B	B	C	C	C	D (ab 120°)
Strategie:	B	B	B	B	B	C	C	C	D
Querschnitte:	2	1	3	3	3	3	4	4	3
Punkte/Schnitt:	8	50	5	16	33	11	4	25	34
Gesamtpunktzahl:	16	100	15	48	99	33	16	100	102
Zylinderradius:	2	3	2	3	3	3		3	2
Durchstoßpunkt X0:	2	3	1	3	3	4	1	3	3
Durchstoßpunkt Y0:	4	1	3	2	1	3	1	1	1
Achswinkel Alpha:	3	1	4	2	1	3	4	1	2
Achswinkel Beta:	3	1	4	2	1	2	4	1	2
k-Faktor Radius:	4	1	4	3	1	3	4	1	1
k-Faktor X0:	4	1	4	2	1	3	4	1	1
k-Faktor Y0:	4	1	4	2	1	3	4	1	1
k-Faktor Alpha:	3	1	4	2	1	3	4	1	2
k-Faktor Beta:	3	1	4	2	1	2	4	1	2

Tabelle 2: Bewertungstabelle für Zylindermeßstrategien

halber Kegelwinkel: 15 Grad	Strategie: A Längsschnitte: 5 Gesamtpunktzahl: 15	Strategie: A Längsschnitte: 5 Gesamtpunktzahl: 99	Strategie: A Längsschnitte: 10 Gesamtpunktzahl: 32	Strategie: A Längsschnitte: 10 Gesamtpunktzahl: 92	Strategie: B Querschnitte: 2 Punkte/Schnitt: 8 Gesamtpunktzahl: 16	Strategie: B Querschnitte: 2 Punkte/Schnitt: 50 Gesamtpunktzahl: 100	Strategie: C Querschnitte: 2 Punkte/Schnitt: 8 Gesamtpunktzahl: 16	Strategie: C Querschnitte: 2 Punkte/Schnitt: 50 Gesamtpunktzahl: 100	Strategie (ab 120°): D Spiralen: 3 Punkte/Spirale: 34 Gesamtpunktzahl: 102
Kegelwinkel Gamma:	2	4	2	4	1	3	3	3	4
Kegelspitze XS:	2	4	4	3	2	1	3	1	4
Kegelspitze YS:	3	3	2	1	2	1	2	1	1
Kegelspitze ZS:	2	4	4	3	1	2	3	1	4
Achswinkel Alpha:	4	4	3	3	3	1	4	1	2
Achswinkel Beta:	4	3	3	2	3	1	4	1	2
k-Faktor Gamma:	4	4	4	2	4	1	4	1	2
k-Faktor XS:	2	3	3	3	2	1	3	1	4
k-Faktor YS:	4	3	4	2	4	1	4	1	2
k-Faktor ZS:	4	3	3	2	4	1	4	1	2
k-Faktor Alpha:	4	3	3	2	4	1	4	1	2
k-Faktor Beta:	4	3	3	2	4	1	4	1	2

Tabelle 3: Bewertungstabelle für Kegelmeßstrategien

Tabelle 4: Bewertungstabelle für Kegelmeßstrategien

halber Kegelwinkel: 30 Grad

	Strategie A	Strategie A	Strategie A	Strategie A	Strategie B	Strategie B	Strategie C	Strategie C	Strategie D (ab 120°)
Längsschnitte / Querschnitte / Spiralen	5	5	10	10	2	2	2	2	3
Punkte/Schnitt bzw. Punkte/Spirale					8	50	8	50	34
Gesamtpunktzahl	15	99	32	92	16	100	16	100	102
Kegelwinkel Gamma	1	4	1	3	2	2	2	1	4
Kegelspitze XS	1	4	3	4	2	1	4	2	4
Kegelspitze YS	4	3	3	2	3	1	3	1	2
Kegelspitze ZS	1	4	1	3	1	2	3	2	4
Achswinkel Alpha	4	3	4	2	3	1	4	1	2
Achswinkel Beta	4	3	4	2	3	1	4	1	2
k-Faktor Gamma	4	3	3	2	4	1	4	1	2
k-Faktor XS	4	3	3	2	4	1	4	1	2
k-Faktor YS	4	3	3	2	3	1	4	1	2
k-Faktor ZS	4	3	3	2	3	1	4	1	2
k-Faktor Alpha	4	3	3	2	3	1	4	1	2
k-Faktor Beta	4	3	3	2	3	1	4	1	3

halber Kegelwinkel: 60 Grad	Strategie: A Längsschnitte: 5 Gesamtpunktzahl: 15	Strategie: A Längsschnitte: 5 Gesamtpunktzahl: 99	Strategie: A Längsschnitte: 10 Gesamtpunktzahl: 32	Strategie: A Längsschnitte: 10 Gesamtpunktzahl: 92	Strategie: B Querschnitte: 2 Punkte/Schnitt: 8 Gesamtpunktzahl: 16	Strategie: B Querschnitte: 2 Punkte/Schnitt: 50 Gesamtpunktzahl: 100	Strategie: C Querschnitte: 2 Punkte/Schnitt: 8 Gesamtpunktzahl: 16	Strategie: C Querschnitte: 2 Punkte/Schnitt: 50 Gesamtpunktzahl: 100	Strategie (ab 120°): D Spiralen: 3 Punkte/Spirale: 34 Gesamtpunktzahl: 102
Kegelwinkel Gamma:	3	1	3	4	4	3	1	3	2
Kegelspitze XS:	4	3	4	1	2	3	4	3	2
Kegelspitze YS:	4	3	3	2	3	1	3	1	2
Kegelspitze ZS:	3	1	4	2	2	3	3	3	1
Achswinkel Alpha:	4	3	4	2	3	1	4	1	2
Achswinkel Beta:	4	3	4	2	3	1	4	1	2
k-Faktor Gamma:	4	2	3	2	3	1	3	1	2
k-Faktor XS:	4	3	3	2	3	1	4	1	2
k-Faktor YS:	4	3	4	2	3	1	4	1	2
k-Faktor ZS:	4	3	4	2	4	1	4	1	2
k-Faktor Alpha:	4	3	3	2	4	1	4	1	2
k-Faktor Beta:	4	2	3	2	3	1	3	1	2

Tabelle 5: Bewertungstabelle für Kegelmeßstrategien

6   Freiformflächen

Freiformflächen sind Oberflächen von nur schwerlich geschlossen analytisch beschreibbaren Körpern. Sie kommen sehr häufig vor, so im Automobilbau (z.b. Karosserie und Brennraum), oder bei Strömungsmaschinen (z.b. Turbinenschaufeln), um nur wenige zu nennen. Ihre meßtechnische und mathematische Behandlung unterscheidet sich grundsätzlich von der Behandlung der Standardformelemente.

Wird eine Bohrung als Zylindermantel durch eine einzige Flächenfunktion zweiter Ordnung exakt beschrieben, so werden Freiformflächen aus vielen einzelnen Flächenpflastern, den sogenannten Patches, zusammengesetzt.

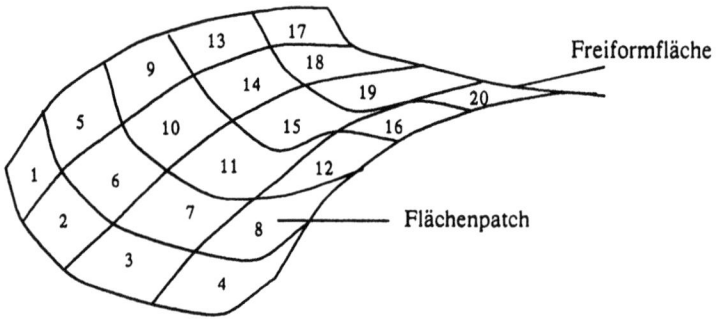

Bild 6.1:   Freiformfläche mit 20 Flächenpatches

Diese Flächenpatches werden jedes für sich durch eine analytische Form beschrieben. Soll eine so zusammengesetzte Fläche in sich homogen oder glatt sein, dann sind Stetigkeitsanforderungen zu stellen. Je nach Grad der Stetigkeitsforderung spricht man von C^n-Stetigkeit, Übereinstimmung bis zur n-ten Ableitung der Patchfunktionen an den Rändern [33].

Die Ordnung eines Patches kann beliebig hoch sein. Insbesondere muß sie nicht mit der Ordnung benachbarter Patches übereinstimmen. Gibt es bei Oberflächen analytisch beschriebener Körper nur eine klar abgegrenzte Flächenberandung, so kommen bei Freiformflächen noch die inneren Patchgrenzen hinzu. Dies macht die Behandlung von Freiformflächen wesentlich komplizierter. Die Patchaufteilung kann zunächst willkürlich gewählt sein. Nach ihrer geschickten Begrenzung richtet sich jedoch der Grad der Flächenpolynome, die zur mathematischen Beschreibung notwendig sind.

6.1 Ausgewählte Verfahren zur mathematischen Beschreibung von Freiformflächen

Für die Beschreibung von räumlich gekrümmten Flächen gibt es eine Vielzahl von mathematischen Verfahren. In dieser Arbeit werden speziell Verfahren betrachtet, die auf Polynomen mit rationalen Koeffizienten beruhen. Es werden drei Verfahren aufgezeigt und einander gegenübergestellt, mit deren Hilfe eine Flächenberechnung über räumlich verteilte Punkte erfolgen kann. Im einzelnen sind dies die Verfahren

- von Bezier
- mit B-Splines und
- mit lokal interpolierenden Splines (LIS).

Bevor auf die einzelnen Verfahren im Detail eingegangen wird, werden einige Begriffe erläutert.

Interpolierende und approximierende Verfahren:

Bei einem interpolierenden Verfahren sind alle Stützpunkte auch Punkte der durch die Rechnung erhaltenen Funktion (Bild 6.2). Interpolierende Verfahren werden oft in CAD-Systemen für die Konstruktion von Kurven und Flächen verwendet.

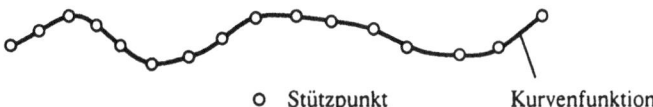

o Stützpunkt   Kurvenfunktion

Bild 6.2:   Interpolierende Kurve mit Stützpunkten

Beim approximierenden Verfahren dagegen verläuft die Kurve nicht notwendigerweise durch alle Stützpunkte (Bild 6.3).

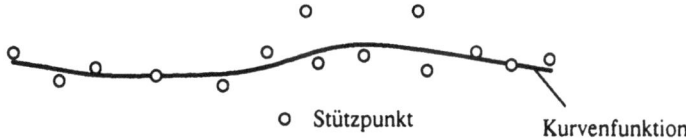

o Stützpunkt   Kurvenfunktion

Bild 6.3:   Approximierende Kurve zwischen Stützpunkten

Resultate approximierender Verfahren ergeben je nach Art und Ordnung der Approximation sowie der zu approximierenden Punktmenge mehr oder weniger glatte Funktionsverläufe. Insbesondere werden auch zufällige Punktstreuungen im globalen Sinne berücksichtigt und führen so zu Änderungen des gesamten Funktionsverlaufes. Approximierende Verfahren sind für die Koordinatenmeßtechnik deshalb geeignet, weil die geforderte Glattheit der Funktionen durch die Ordnung des Approximationsverfahrens mitbestimmt werden kann.

Lokale und globale Veränderungen des funktionellen Verlaufs:

Man unterscheidet zwischen lokalen und globalen Veränderungen, je nachdem ob sich die Variation eines einzelnen Stützpunktes nur auf seine direkte Umgebung oder auf den gesamten funktionellen Verlauf auswirkt. Bild 6.4 soll dies verdeutlichen.

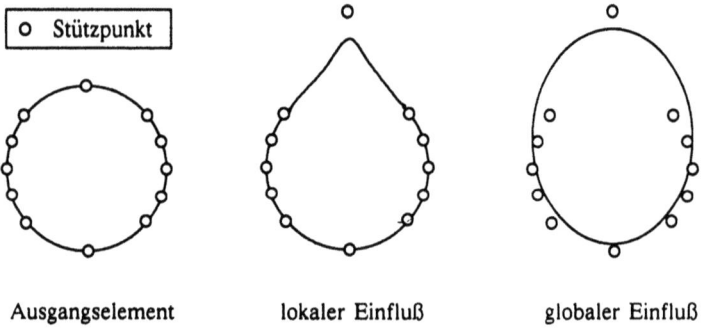

Bild 6.4: Auswirkung des Einflusses der Stützpunkte auf den Kurvenverlauf

Parametrische Beschreibungsform:

Oft ist es nicht sinnvoll eine Kurve oder eine Fläche im Raum durch eine Funktion der Art

$$z = z(x,y)$$

zu beschreiben. Insbesondere trifft dies bei Mehrdeutigkeit zu. Dann sind Flächenbeschreibungen durch Parameter

$$x = x(s,t)$$
$$y = y(s,t)$$
$$z = z(s,t)$$

angebracht (Bild 6.5).

In [34,35] wurden weitere Gründe für die Parameterbeschreibung genannt.

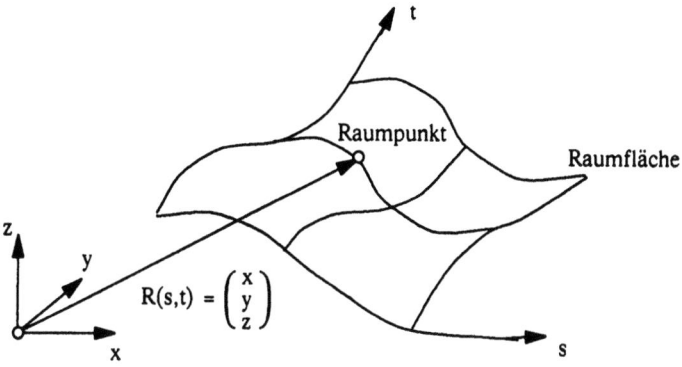

Bild 6.5:   Zuordnung der Parameter s und t zur Raumfläche

Rationale und gebrochen rationale Funktionssysteme:

Sowohl rationale als auch gebrochen rationale Polynomsysteme eignen sich zur Beschreibung von Freiformflächen.

Die allgemeine Form einer beliebigen Fläche in einem dreidimensionalen euklidischen Raum läßt sich folgendermaßen schreiben:

$$R(s,t) = x(s,t) \cdot \begin{pmatrix}1\\0\\0\end{pmatrix} + y(s,t) \cdot \begin{pmatrix}0\\1\\0\end{pmatrix} + z(s,t) \cdot \begin{pmatrix}0\\0\\1\end{pmatrix} \qquad (6.1)$$

Im Rahmen einer Approximation durch rationale Polynome ist die Parameterdarstellung durch

$$x(s,t) = \sum_{i=0}^{n} \sum_{j=0}^{m} a_{ij} \cdot s^i \cdot t^j , \qquad (6.2)$$

$$y(s,t) = \sum_{i=0}^{n} \sum_{j=0}^{m} b_{ij} \cdot s^i \cdot t^j , \qquad (6.3)$$

$$z(s,t) = \sum_{i=0}^{n} \sum_{j=0}^{m} c_{ij} \cdot s^i \cdot t^j , \qquad (6.4)$$

gegeben, während die Entwicklung nach gebrochen rationalen Polynomen sich folgendermaßen angeben läßt:

$$x(s,t) = \frac{\sum_{i=0}^{n} \sum_{j=0}^{m} a_{ij} \cdot s^i \cdot t^j}{\sum_{i=0}^{n} \sum_{j=0}^{m} u_{ij} \cdot s^i \cdot t^j} \quad , \qquad (6.5)$$

$$y(s,t) = \frac{\sum_{i=0}^{n} \sum_{j=0}^{m} a_{ij} \cdot s^i \cdot t^j}{\sum_{i=0}^{n} \sum_{j=0}^{m} v_{ij} \cdot s^i \cdot t^j} \quad , \qquad (6.6)$$

$$z(s,t) = \frac{\sum_{i=0}^{n} \sum_{j=0}^{m} a_{ij} \cdot s^i \cdot t^j}{\sum_{i=0}^{n} \sum_{j=0}^{m} w_{ij} \cdot s^i \cdot t^j} \qquad (6.7)$$

Üblicherweise rechnet man heute in CAD-Systemen mit ganzrationalen Funktionensystemen, die wesentlich leichter handhabbar sind. Mit dem Gewinn an Rechenzeit ist aber meist ein Verlust an Exaktheit in kauf zu nehmen [36].

In den meisten Fällen startet man die Flächenberechnung mit bestimmten, dem Problem der Interpolation und Approximation von Flächen angepaßten Polynomklassen. Deren Diskussion wird ein Hauptteil der nachfolgenden Kapitel sein.

Polynomgrad:

Die Polynome in Gleichung (6.2 - 6.7) sind vom Grade n,m. Man spricht von (n+1), (m+1)ter Ordnung. Je geringer die Ordnung, um so glatter ist der Funktionsverlauf. Je höher die Ordnung, um so mehr zeigen die Näherungen die Schwankungen der Stützpunkte (Bild 6.6). In der CAD-Praxis hat es sich eingebürgert, die Rechnungen bis zur Ordnung 8 durchzuführen. Gründe liegen vor allem in der Erfahrung, daß diese Ordnung ausreichend ist, aber auch im Zwang zu kurzen Rechenzeiten.

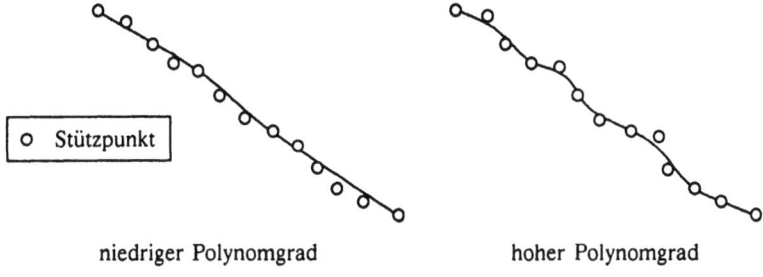

niedriger Polynomgrad　　　　hoher Polynomgrad

Bild 6.6: Einfluß der Polynomordnung auf den Verlauf einer Kurve

Segmentierung:

Die Aufteilung einer Kurve in mehrere Bereiche oder die einer Fläche in sogenannte "Patches" nennt man Segmentierung. An den Segmentgrenzen entstehen im allgemeinen Unstetigkeitsstellen, die durch zusätzliche Annahmen, Randbedingungen, eliminiert werden können. In der CAD-Technik haben sich sogenannte "Blendingfunktionen" als sinnvoll erwiesen.

Blending:

Unstetige Übergänge zwischen Kurvensegmenten oder Flächenpatches werden meist durch das sogenannte Blending vermieden. Dabei sorgen Blendingfunktionen für das Vermischen sich überlappender Kurvensegmente oder Flächenpflaster.

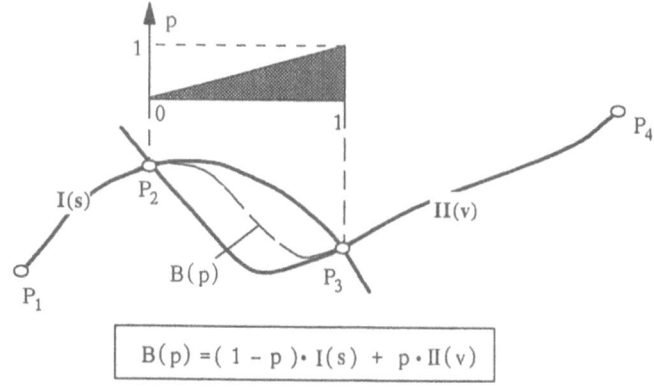

Bild 6.7: Glättung eines unstetigen Kurvenzugs durch Gewichtung mit Blendingfunktionen

In Bild 6.7 ist gezeigt, wie eine Funktion I(s) mit der Funktion II(v) über eine Gewichtung vermischt wird. In dem Überlappungsbereich zwischen den Punkten P_2 und P_3 werden beide Funktionen I und II durch die Funktion B(p) ersetzt. Dadurch erzeugt man einen eindeutigen Kurvenzug, der in drei Teile $P_1 - P_2$, $P_2 - P_3$ und $P_3 - P_4$, unterteilt ist.

6.1.1 Flächenberechnung mit dem Verfahren nach Bezier

Durch die Gleichung

$$R(s,t) = \sum_{i=0}^{n} \sum_{j=0}^{m} P_{i,j} \cdot B_{i,n}(s) \cdot B_{j,m}(t) \qquad (6.8)$$

wird eine Fläche durch die Approximation nach Bezier festgelegt. Die Polynome $B_{i,n}(s)$ und $B_{j,m}(t)$ sind Bernsteinpolynome von s und t mit Grads n bzw. m. Sie bilden die Basispolynome oder Gewichtungsfunktionen der Fläche. Ihre allgemeine Darstellung lautet:

$$B_{v,u}(p) = \binom{u}{v} \cdot (1-p)^{u-v} \cdot p^{v} \quad , \text{ mit } v = 0, 1, \ldots, u$$

$$(6.9)$$

wobei p im Intervall (0,1) definiert ist.

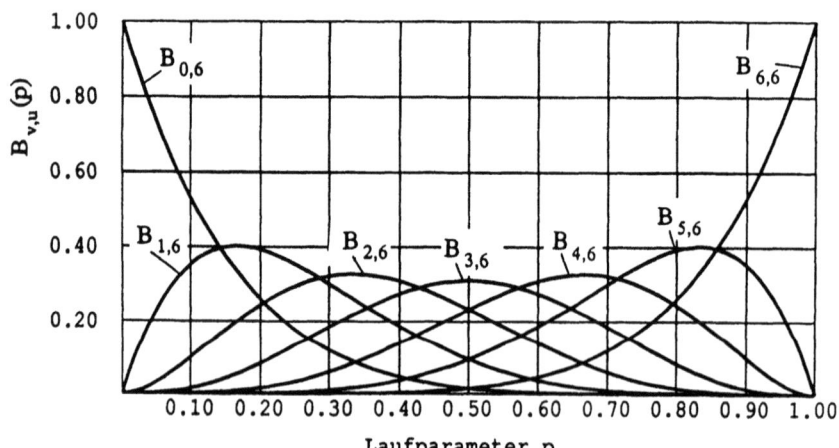

Bild 6.7:   Bernsteinpolynome vom Grad 6 (Ordnung 7)

Die Stützpunkte $P_{i,j}$ spannen das für die Fläche charakteristische Stützpunktpolygon auf.

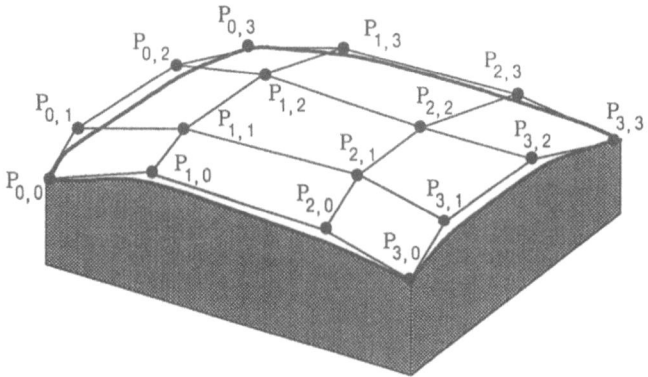

Bild 6.8:   Bezierfläche mit charakteristischem Stützpunktpolygon

Die Bezierfläche beschreibt ein einzelnes Patch. Sie schmiegt sich in den Eckpunkten (hier $P_{0,0}$, $P_{0,3}$, $P_{3,0}$ und $P_{3,3}$) tangential an die vom Polygon aufgespannte Fläche. An Bild 6.7 kann man sehen, daß die Stützpunkte einen globalen Einfluß auf den Flächenverlauf haben, denn die Basispolynome, die den Einflußbereich der Punkte bestimmen, sind im gesamten Intervall ungleich von Null.

Eine stark gekrümmte Fläche muß durch mehrere Bezierflächen beschrieben werden (Bild 6.1). Dabei kommt es an den Übergängen zu Unstetigkeiten.

Bild 6.8 zeigt, daß bei entweder nur konvex oder konkav gekrümmten Flächen die inneren Stützpunkte (hier: $P_{1,0}$, $P_{2,0}$, $P_{0,1}$, $P_{1,1}$, $P_{2,1}$, $P_{3,1}$, $P_{0,2}$, $P_{1,2}$, $P_{2,2}$, $P_{3,2}$ und $P_{1,3}$, $P_{2,3}$) nicht in den Flächen zu liegen kommen, die mit dem Bezier-Verfahren erhalten werden. Handelt es sich bei diesen Daten um vom Koordinatenmeßgerät gelieferte Meßwerte einer Oberfläche, so verursacht das Bezier-Verfahren Abbildungsfehler, die sich bei diesen Flächenformen nicht gegenseitig neutralisieren. Der Ausgleich erfolgt lediglich bei einer Messung mit dicht beieinander liegenden Meßpunkten.

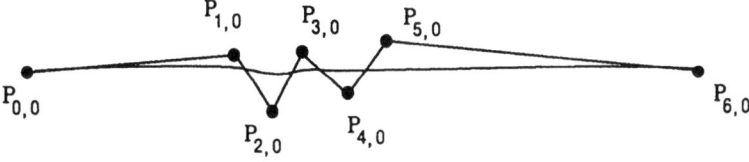

Bild 6.9:   Approximation mit ausgleichender Wirkung bei dicht beieinander liegenden Stützpunkten

Jeder Stützpunkt beim Bezier-Verfahren hat Auswirkung auf die Polynomordnung, da sich mit zunehmenden Stützpunkten die Summationsgrenzen in Gleichung (6.8) erhöhen. Mit zunehmender Ordnung erhöht sich dabei der erforderliche Rechenaufwand überproportional. Man wird deshalb auf diese Art des Ausgleichs verzichten und einen möglichst großen Meßpunktabstand anstreben. Damit erzielt man verfahrensbedingt einen glatten Verlauf der Fläche. Möchte man trotzdem auf den Ausgleich nicht verzichten, dann bietet sich die Segmentierung der Flächen an. Man berechnet die Bezierpolynome in den einzelnen Segmenten mit entsprechend der Aufteilung weniger Punkten. Die Ordnung der Polynome wird so drastisch reduziert. Die Gesamtrechenzeit setzt sich dann additiv aus den Berechnungszeiten in den einzelnen Segmenten zusammen.

Soll, anders als bei der approximierenden Fläche, durch die Meßpunkte eine interpolierende Bezierfläche gelegt werden, so ist mit diesen Meßpunkten zunächst die Berechnung der Stützpunkte für das charakteristische Polygon erforderlich.

Jedem Meßpunkt wird dazu ein Vektor R(s,t) zugeordnet (Bild 6.10). Die Parameter der Punkte auf den Randkurven sind entweder (s,t=0) oder (s=0,t), während in der Fläche beide Parameter Werte zwischen 0 und 1 annehmen können. Die Zuordnung der Parameter birgt eine gewisse Willkür. Zwar ist durch die Werte der Parameter in den Eckpunkten die Richtung zunehmender Parameterwerte vorgegeben, die Verteilung jedoch in keinster Weise beschränkt.

Bei der Berechnung der Fläche mit dem Bezierverfahren hat es keinen Einfluß auf die Flächenform an welcher Ecke die Parametrisierung beginnt. Eine Gewichtung mit den Basispolynomen erfolgt symmetrisch.

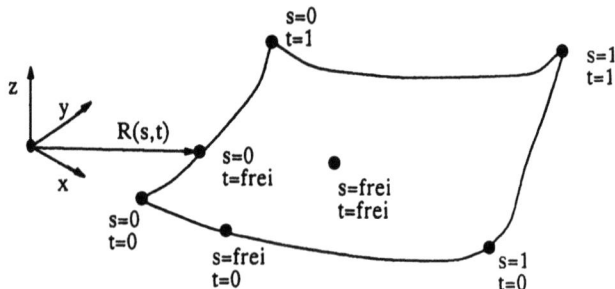

• Meßpunkt

Bild 6.10: Zuordnung der Parameter zu gemessenen Punkten

Nach Festlegung der Parameter wird durch Einsetzen der Meßdaten in die linke Seite der Gleichung (6.8) ein Gleichungssystem gewonnen, aus dem die Stützpunkte $P_{i,j}$ für das charakteristische Polygon berechnet werden können.

Dazu bietet es sich an, die Gleichung 6.8 in einer Darstellung zu nutzen, die für die Berechnung mit Hilfe der EDV geeigneter ist. Im folgenden sei nur eine Komponente des Raumvektors R(s,t) betrachtet. Für die anderen Komponenten gilt die analoge Vorgehensweise. R(s,t) steht nun im weiteren für die Komponente $R_x(s,t)$.

$$R(s,t) = \underline{S}^T \cdot \underline{\underline{V}} \cdot \underline{\underline{B}} \cdot \underline{\underline{W}}^T \cdot \underline{T} \qquad (6.10)$$

mit

$$\underline{S}^T = (s^0\ s^1\ s^2\ s^3\ ...\ s^n)$$

$$\underline{T}^T = (t^0\ t^1\ t^2\ t^3\ ...\ t^m)$$

als Vektoren der Laufparameter und

$$\underline{\underline{B}} = \begin{bmatrix} P_{0,0} & P_{0,1} & P_{0,2} & ... & P_{0,m} \\ P_{1,0} & P_{1,1} & P_{1,2} & ... & P_{1,m} \\ & & \vdots & & \\ P_{n,0} & P_{n,1} & P_{n,2} & & P_{n,m} \end{bmatrix}$$

als Geometriematrix.

Die Gewichtungsmatrizen $\underline{\underline{V}}$ und $\underline{\underline{W}}$ haben bei unterschiedlicher Dimension den prinzipiell gleichen Aufbau:

$$E_{i,j} = \begin{cases} (-1)^{i+j} \cdot \binom{d}{i}\binom{i}{j} & \text{für } i \geq j,\ i,j = 0, 1, ..., d \\ 0 & \text{für } i < j \end{cases} \qquad (6.11)$$

Dabei ist d die maximal auftretende Potenz des zugehörigen Laufparameters (d=n oder d=m).

Fast man die Matrizen $\underline{\underline{V}} \cdot \underline{\underline{B}} \cdot \underline{\underline{W}}^T$ zu einer Matrix $\underline{\underline{C}}$ zusammen, so bilden deren Elemente direkt die Koeffizienten für die Polynomdarstellung, wie sie bei der VDA-FS-Schnittstelle [50] verwendet werden:

$$R(s,t) = \underline{S}^T \cdot \underline{\underline{C}} \cdot \underline{T} \qquad (6.12)$$

oder ausformuliert:

$$R(s,t) = c_{0,0}\, s^0 t^0 + c_{1,0}\, s^1 t^0 + \ldots + c_{0,1}\, s^0 t^1 + \ldots + c_{n,m}\, s^n t^m \qquad (6.13)$$

Die Koeffizienten $c_{g,h}$ ergeben sich aus

$$c_{g,h} = \sum_{i=0}^{n} \sum_{j=0}^{m} v_{g,i} \cdot P_{i,j} \cdot w_{j,h} \qquad (6.14)$$

wobei $v_{g,i}$ und $w_{j,h}$ Elemente der oben genannten Matrizen $\underline{\underline{V}}$ und $\underline{\underline{W}}$ sind.

Eine für die Anwendung wesentlich effizientere Form der Berechnung der Komponenten der Ortsvektoren erhält man, wenn man als Ausgangspunkt nicht die Matrix $\underline{\underline{P}}$ mit den Elementen $P_{i,j}$ wählt, sondern deren Matrixelemente in Vektorform $\underline{P}$ anordnet. Selbstverständlich muß man aus Konsistenzgründen dann einen neuen Vektor $\underline{ST}$ einführen, der sowohl die Elemente von $\underline{S}$ als auch von $\underline{T}$ enthält. In kompakter Schreibweise lautet die Berechnung dann:

$$R(s,t) = \underline{ST}^T \cdot \underline{\underline{Q}} \cdot \underline{P} \qquad (6.15)$$

Mittels geeigneter Bedingungsgleichungen (s.u.) kann die Matrix $\underline{\underline{Q}}$, die im folgenden Formmatrix genannt wird, berechnet werden. Die Art der Formulierung hat zwei entscheidende Vorteile. Erstens genügt es für eine Flächenberechnung die Matrix $\underline{\underline{Q}}$ nur einmal zu bestimmen und zweitens kann Gleichung (6.15) direkt nach den interpolierenden Stützpunkten aufgelöst werden.

Die Formmatrix $\underline{\underline{Q}}$ ist quadratisch von der Dimension [max(n,m)2, max(n,m)2].

Der Vektor $\underline{ST}$ enthält die Potenzen der Laufparameter s und t bis zur höchsten Potenz von n oder m [max(n,m)].

$$\underline{ST}^T = (\, s^0 t^0 \; s^1 t^0 \; \ldots \; s^{\max(n,m)} \, t^0 \; \ldots \; s^0 t^1 \; \ldots \; s^{\max(n,m)} \, t^{\max(n,m)} \,)$$

Im Vektor $\underline{P}$ sind die $(n+1)*(m+1)$ Stützpunkte für das charakteristische Polygon aneinandergereiht. Für den gezeigten Formalismus ist die Einführung von Platzhalterstützpunkten erforderlich, so daß auch der Stützpunktvektor stets die Dimension [max(n,m)2] erhält.

$$\underline{P}^T = (\, P_{0,0} \; P_{1,0} \; \ldots \; P_{\max(n,m),0} \; \ldots \; P_{0,1} \; \ldots \; P_{\max(n,m),\max(n,m)} \,)$$

Der Wert der Platzhalterstützpunkte kann beliebig gewählt werden, da diese bei der Multiplikation mit der Formmatrix eliminiert werden. Ist beispielsweise n=2 und m=3, dann lauten die Platzhalterstützpunkte ($P_{3,0} = P_{3,1} = P_{3,2} = P_{3,3} = 0.0$)

Die Formmatrix $\underline{\underline{Q}}$ berechnet sich wie folgt:

$$\underline{\underline{Q}} = \begin{bmatrix} [\underline{\underline{A}}_{l,k}] & [\quad] & \cdots & [\quad] \\ [\quad] & & & \\ \vdots & & & \vdots \\ [\quad] & & & [\quad] \end{bmatrix} \quad \begin{array}{l} l = 0 \\ \\ \\ \max(n,m) \end{array}$$

with $k = 0, 1, \ldots, \max(n,m)$ (6.16)

mit Untermatrizen $\underline{\underline{A}}_{l,k}$

$$\underline{\underline{A}}_{l,k} = \begin{bmatrix} q^{l,k}_{j,i} & \cdots & [\quad] \\ \vdots & & \vdots \\ [\quad] & \cdots & [\quad] \end{bmatrix} \quad \begin{array}{l} j = 0 \\ \\ \max(n,m) \end{array}$$

with $i = 0, 1, \ldots, \max(n,m)$

(6.17)

Die Elemente dieser Matrizen sind

$$q_{i,j}^{l,k} = \begin{cases} \binom{m}{j} \cdot \binom{n}{i} \cdot \binom{j}{i} \cdot \binom{l}{k} \cdot (-1)^{i+j+k+l} \\ 0 \quad \text{für } i > j \text{ oder } k > l \text{ oder } j > m \text{ oder } l > n \end{cases} \qquad (6.18)$$

Als Beispiel ist in Bild 6.11 die Formmatrix $\underline{Q}$ für n = m = 5 aufgeführt.

Mit Gleichung 6.15 lassen sich nun über die Formmatrix für das Stützpunktpolygon der Fläche (n·m) Gleichungen für die Stützpunkte $P_{i,j}$ zu einem linearen Gleichungssystem zusammenfügen. Dies kann nach den Stützpunkten $P_{i,j}$ aufgelöst werden.

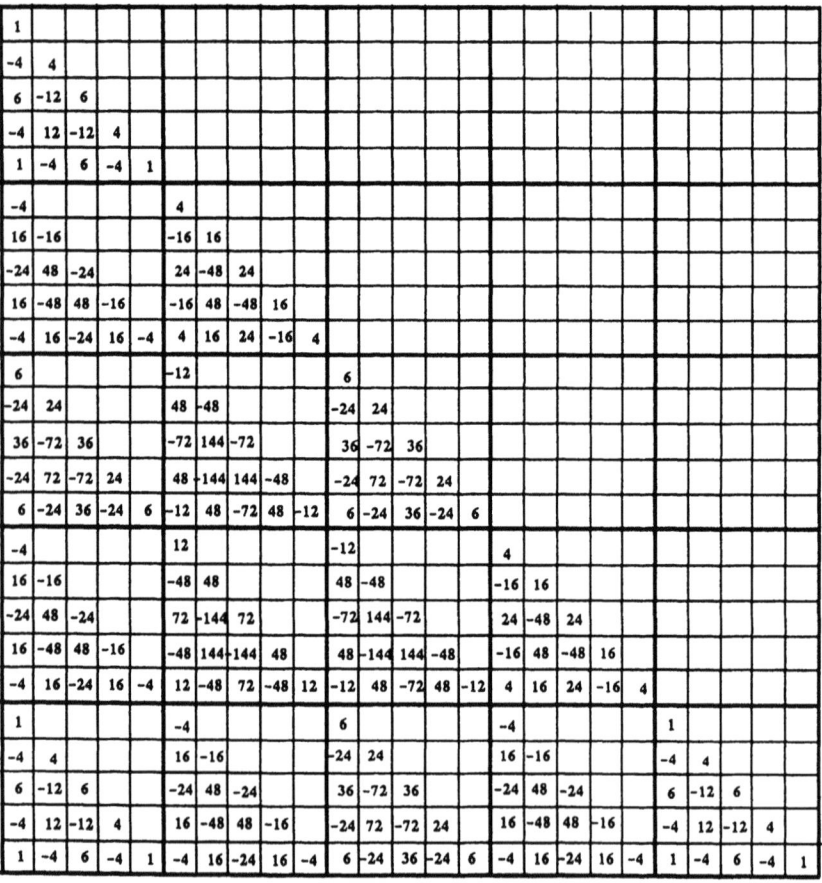

Bild 6.11: Formmatrix $\underline{Q}$ für n = m = 5

6.1.2 Berechnung von Flächen mit B-Splines

Häufig ist der global wirkende Einfluß von Stützpunkten auf den gesamten Kurven- bzw. Flächenverlauf nachteilig. Dies gilt insbesondere in der Meßtechnik. Meßwerte korrelieren in der Regel ihrer direkten Umgebung korreliert, sind aber von entfernten Meßwerten unabhängig. Für diesen Zweck erscheint es sinnvoller, lokal wirkende Approximationsalgorithmen zu verwenden.

Ein nur lokal wirkender Einfluß von Stützpunkten auf den Flächenverlauf liegt bei der Flächenberechnung mit B-Splines vor. Ein B-Spline der Ordnung K ist ein segmentweise definiertes Polynom, das von einem Stützpunktpolygon aufgespannt wird [38].

Die Flächenberechnung mit B-Splines ähnelt im Aufbau der Bezierberechnung mit dem Stützpunktpolygon (s. 6.8).

$$R(s,t) = \sum_{i=0}^{n} \sum_{j=0}^{m} P_{i+n-1,j+m-1} \cdot N_{i,M}(s) \cdot N_{j,L}(t) \qquad (6.19)$$

mit $N_{i,M}(s), N_{j,L}(t)$ ... Gewichtsfunktionen

s und t ... Flächenparameter

n und m ... Anzahl der Punkte des Stützpunktpolygons - 1

M und L ... Ordnung der Gewichtsfunktionen

$P_{i,j}$ ... Stützpunkte

Die Gewichtsfunktionen als normierte B-Splines berechnen sich nach de Boor [39] rekursiv zu:

$$N_{l,1}(p) = \begin{cases} 1 & \text{für } p_l \leq p < p_{l+1} \\ 0 & \text{sonst} \end{cases}$$

$$N_{l,K}(p) = \frac{p - p_l}{p_{l+K-1} - p_l} N_{l,K-1}(p) + \frac{p_{l+K} - p}{p_{l+K} - p_{l+1}} N_{l+1,K-1}(p)$$

$$(6.20)$$

Dabei ist ergänzend festgelegt, daß beim gleichzeitigen Verschwinden von Zähler und Nenner in der Rekursion für die entsprechenden Brüche der Wert Null gesetzt wird.

Eigenschaften von normierten B-Splines der Ordnung K sind weiterhin:

- $\sum_{l=1}^{n} N_{l,K}(p) = 1$

- $N_{l,K}(p)$ ist in jedem Intervall $p_l \leq p < p_{l+1}$ ein Polynom vom Grad K-1 (Ordnung K).

- $N_{l,K}(p)$ ist auf der gesamten Kurve, also auch an den Segmentübergängen, (K-2)-mal stetig differenzierbar.

- $N_{l,K}(p)$ ist nur innerhalb eines Intervalls von Null verschieden.
  $N_{l,K}(p) = 0$ für $p < p_l$ und $p \geq p_{l+K}$

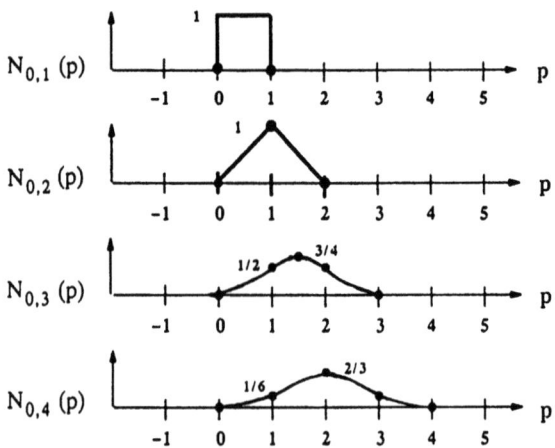

Bild 6.12: B-Spline Funktionen für K = 1 bis K = 4

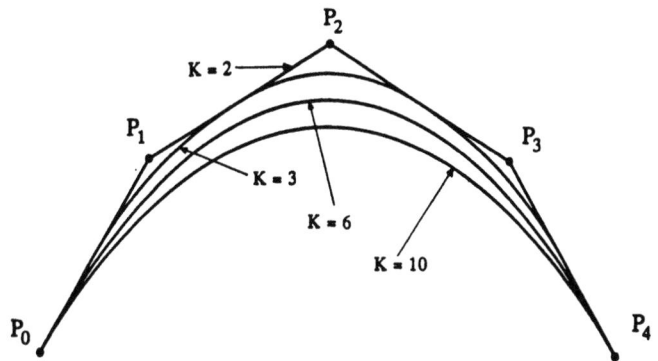

Bild 6.13: Kurvenzüge mit B-Splines der Ordnung K=2, 3, 6 und 10 bei 5 Stützpunkten P_0 bis P_4

Der unabhängige Laufparameter p nimmt an den Segmentgrenzen den Wert p_l bzw. p_{l+1} an. Die Menge aller p_l bildet den sogenannten Knotenvektor $P = (p_0 \leq p_1 \leq ... \leq p_l \leq ... \leq p_e)$ eines B-Splines im Intervall $[p_0, p_e]$.

Mehrfachknoten sind möglich.

$$p_l = p_{l+1} = p_{l+2} \qquad (6.21)$$

Für jeden Mehrfachknoten verringert sich die Stetigkeit der Funktion an der Knotenstelle um 1. Bei der Meßtechnik kommt in der Regel das Zusammenfallen von Knoten jedoch nur an Rändern von Flächen vor. Auf den Sonderfall dieser Mehrfachknoten wird später eingegangen.

B-Splines können von uniformer oder nicht uniformer Art sein. Von uniformen B-Splines spricht man dann, wenn alle Knoten einen äquidistanten Abstand zu ihren Nachbarknoten haben. Hierdurch wird die mathematische Handhabung wesentlich vereinfacht.

Bei uniformen B-Splines kann man weiterhin zwischen periodischen und nichtperiodischen Funktionen unterscheiden. Periodische B-Splines können nur vorliegen, wenn einfache Knoten zur Beschreibung verwendet werden. Im Anwendungsfall der Koordinatenmeßtechnik kommt im wesentlichen nur dieser Typ zur Anwendung.

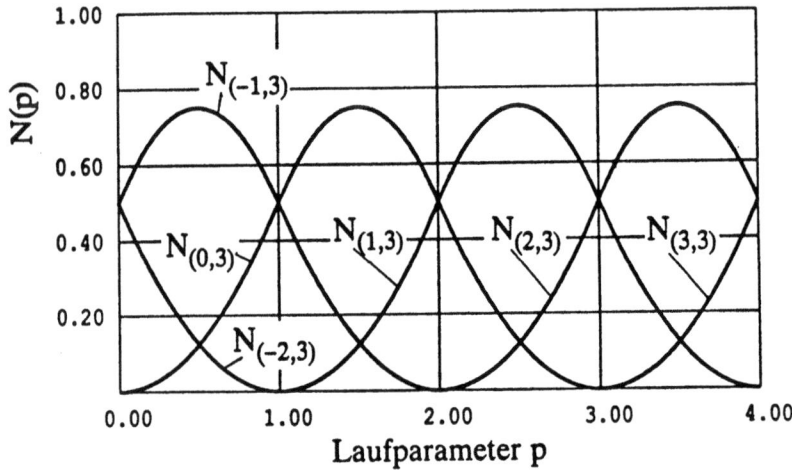

Bild 6.14:   Periodische B-Splines der Ordnung K=3 im Intervall [0,4]

An den Rändern von offenen Kurven bzw. Flächen stehen nicht beidseitig Knotenvektoren zur Verfügung. Äußere Knoten werden dann als Mehrfachknoten definiert. Daraus ergeben sich nichtperiodische B-Splines als Gewichtsfunktionen im Randbereich.

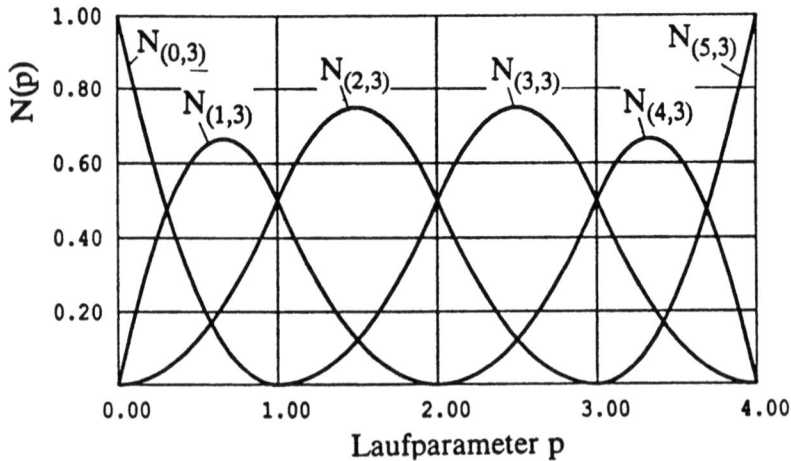

Bild 6.15:   Nichtperiodische B-Splines der Ordnung K=3 im Intervall [0,4] mit dem Knotenvektor $P = (p_0 = p_1 = p_2, p_3, p_4, p_5, p_6 = p_7 = p_8)$

Bei der Flächenberechnung mit B-Splines beeinflußt die Parametrisierungsrichtung die Ausprägung der Fläche. Bild 6.16 verdeutlicht die Abhängigkeit mit dem Aufzeigen des Einflußbereichs benachbarter Stützpunkte.

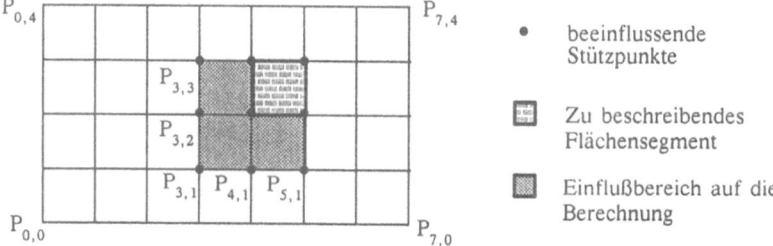

Bild 6.16: Einflußbereich der Stützpunkte $P_{i,j}$ auf das zu berechnende Flächensegment bei B-Splines der Ordnung K=3

Bei der Flächenberechnung mit B-Splines ist es sinnvoll, von der rekursiven Berechnungsform (Gl. 6.20) der Gewichtsfunktionen abzugehen und vergleichsweise zu Gleichung (6.15) eine ähnliche Form anzustreben. Die dort genannten Vorteile treffen auch in diesem Fall zu. Hinzu kommt, daß aus der Formmatrix schnell die Koeffizienten ableitbar sind, die vom Verband der Deutschen Automobilindustrie für den Flächenaustausch zwischen CAD-Systemen vereinbart wurden [50].

Im Gegensatz zu der Flächenbeschreibung nach Bezier, bei der über viele Stützpunkte hinweg nur ein Flächenpatch beschrieben wird, benötigt man bei der B-Spline-Fläche eine hohe Anzahl einzelner Flächensegmente,

Für jedes dieser Segmente lautet die Flächenbeschreibung in Matrixnotation:

$$R(s,t) = \underline{S}^T \cdot \underline{\underline{V}} \cdot \underline{\underline{B}} \cdot \underline{\underline{W}}^T \cdot \underline{T} \quad (6.22)$$

mit

$$\underline{S}^T = (s^0\, s^1\, s^2\, s^3\, \ldots\, s^n)$$
$$\underline{T}^T = (t^0\, t^1\, t^2\, t^3\, \ldots\, t^m)$$

als Vektoren der Laufparameter. Die Geometriematrix $\underline{\underline{B}}$ wird durch die Stützpunkte gebildet. Die Gewichtungsmatrizen $\underline{\underline{V}}$ und $\underline{\underline{W}}$ sind bei den nichtuniformen B-Splines für jedes Segment unterschiedlich. Deshalb verwendet man zu ihrer Berechnung uniforme Splines und eine Darstellung in Form von Transfermatrizen, mit denen eine sukzessive Transformation der Flächenberechnungsalgorithmen von Segment zu Segment durchgeführt wird. Erst periodische, uniformierte B-Splines ermöglichen durch die einfach belegte Knotenvektoren das Aufstellen eines allgemeinen Bildungsgesetzes für diese Matrizen [40]. An Bild 6.14 läßt sich erkennen, daß sich periodische uniforme B-Splines zwischen verschiedenen Knotenvektoren gleichen. Dies ermöglicht die einfache Erzeugung aller Gewichtungsfunktionen durch Verschiebung der Funktion $N_{0,K}$ (s. Gleichung 6.20).

Bei der später diskutierten Anwendung in der Fertigungsmeßtechnik (Kap. 6.2 ff) läßt sich jedoch nicht die gesamte Fläche durch einfache Knotenvektoren aufspannen. Dies wäre nur möglich, wenn es sich um geschlossene Flächen handeln würde, wo jeder Stützpunkt mindestens einen Vorgänger und einen Nachfolger besitzt. Bei offenen Flächen ist dies nicht der Fall. Mehrfachknoten sind erforderlich und führen zumindest im Randbereich zu nichtperiodischen B-Splines.

Bei der Transformation handelt es sich um eine Abbildung der globalen Laufparameter eines Segmentes auf die lokalen Parameter $\bar{s}$ und $\bar{t}$ mit den Wertebereichen $0 \leq \bar{s} < 1$, $0 \leq \bar{t} < 1$.

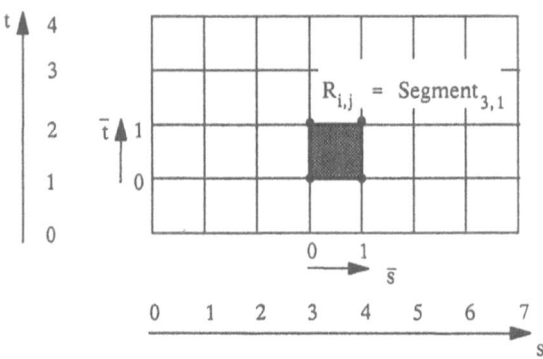

Bild 6.17: Zusammenhang zwischen globalen (s,t) und lokalen Laufparametern $(\bar{s},\bar{t})$ bei uniformen B-Splines am Segment $R_{i,j}$

Die Transformation vermindert weiterhin die Gefahr der numerischen Ungenauigkeit bei der Berechnung. Liegen hohe globale Laufparameter vor, so ergeben sich sehr große Werte im Parametervektor und sehr kleine in den Gewichtungsmatrizen. Durch die Abbildung nehmen die skalaren Werte im Laufparametervektor maximal den Wert 1 an.

Der Einfachheit halber wird im folgenden auf die Darstellung der Striche verzichtet, die die lokalen Parameter kennzeichnen. Alle weiteren Ausführungen beziehen sich nur noch auf die lokalen Laufparameter.

Die Flächensegmente, die im Inneren einer Fläche liegen und für die keine Mehrfachknoten berücksichtigt werden müssen, haben für die Gewichtungsmatrizen $\underline{\underline{V}}$ und $\underline{\underline{W}}$ folgendes Bildungsgesetz [40]:

$$E_{i,j} = \frac{1}{d!} \binom{d}{i} \cdot \sum_{k=j}^{d} (d - K)^i \cdot (-1)^{K-j} \cdot \binom{d+1}{K-j} \qquad (6.23)$$

i, j = 0, 1, ... , d

Der skalare Wert d entspricht der maximal auftretenden Potenz des lokalen Laufparameters. K ist die Ordnung der B-Spline-Funktion.

An den Randsegmenten gilt das oben gezeigte Bildungsgesetz nicht. Bei offenen B-Spline-Flächen müssen dort Mehrfachknoten verwendet werden. Dies führt zu nichtperiodischen B-Spline-Gewichtungsfunktionen, die nicht durch Verschiebung von $N_{0,K}$ gewonnen werden können. Für die Randsegmente müssen deshalb stets die Gewichtungsmatrizen $\underline{\underline{V}}$ und $\underline{\underline{W}}$ über den rekursiven deBoor-Cox Algorithmus (Gleichung 6.20) berechnet werden. Die Anzahl der zu erzeugenden, nicht notwendigerweise gleichen Randmatrizen hängt von der Ordnung der verwendeten Gewichtsfunktionen ab.

Man kann diese Erschwernis jedoch umgehen, wenn die Randpunkte als Mehrfachstützstellen definiert werden. Dazu werden diese (K-1)mal dupliziert, wobei K für die Ordnung der verwendeten B-Spline-Funktionen steht. Dann können uneingeschränkt die periodischen B-Splines verwendet werden und die berechnete Fläche interpoliert diese Randstützstellen.

Das B-Spline-Verfahren approximiert eine Fläche, das heißt, die Fläche berührt in der Regel nicht die Stützpunkte. Möchte man ein interpolierendes Verhalten der Fläche erzwingen, dann nimmt man die gemessenen Punktkoordinaten, setzt sie in die Flächengleichung 6.15 ein und berechnet hieraus ein Stützpunktmuster.

Eine Methode, die nicht mit der symmetrisch definierten Formmatrix arbeitet, ist im folgenden gezeigt. Die allgemeine Beschreibungsform lautet:

$$R(s,t) = \underline{ST}^T \cdot \underline{\underline{O}} \cdot \underline{P} \qquad (6.24)$$

mit dem Laufparametervektor

$$\underline{ST}^T = (\, s^0 t^0 \ s^1 t^0 \ \ldots s^n t^0 \ \ldots \ s^0 t^1 \ \ldots \ s^n t^m \,)$$

Um den Zusammenhang der Matrixelemente von $\underline{\underline{O}}$ mit den Matrixelementen von $\underline{\underline{V}}$ und $\underline{\underline{W}}$ herzustellen, sind folgende Berechnungen durchzuführen (Gleichung 6.25 – 6.27).

$$\underline{\underline{O}} = \begin{bmatrix} [\underline{\underline{D}}_{l,k}] [\quad] & \cdots & [\quad] \\ [\quad] & & \vdots \\ \vdots & & \vdots \\ [\quad] & & [\quad] \end{bmatrix} \begin{matrix} k=0 \quad 1 \quad \cdots \quad m \\ \\ l=0 \\ \vdots \\ m \end{matrix} \quad (6.25)$$

$$\underline{\underline{D}}_{l,k} = \begin{bmatrix} q^{l,k}_{j,i} & \cdots & q^{l,k}_{0,n} \\ \vdots & & \vdots \\ q^{l,k}_{n,0} & \cdots & q^{l,k}_{n,n} \end{bmatrix} \begin{matrix} i=0 \quad 1 \quad \cdots \quad n \\ \\ j=0 \\ \vdots \\ n \end{matrix} \quad (6.26)$$

und

$$q^{l,k}_{j,i} = v_{j,i} \bullet w_{l,k} \quad (6.27)$$

mit

$$\underline{\underline{V}} = \begin{bmatrix} & i \longrightarrow \\ j & v_{j,i} \\ \downarrow & \end{bmatrix} \qquad \underline{\underline{W}}^T = \begin{bmatrix} & k \longrightarrow \\ l & w_{l,k} \\ \downarrow & \end{bmatrix}$$

6.1.3 Flächenbestimmung mit lokal interpolierenden Splines (LIS)

Bei der Flächenbestimmung nach dem Bezierverfahren oder mit B-Splines bilden die Meßpunkte ein Polygonnetz, an das sich die Fläche je nach Ordnung mehr oder weniger anschmiegt. Eine Interpolation der Fläche durch die Meßwerte kann erst, wie oben gezeigt, nach der Berechnung von Stützpunkten aus den vorliegenden Meßwerten erfolgen und erfordert erheblichen Rechenaufwand.

Demgegenüber liefert das Verfahren mit lokal interpolierenden Splines (LIS) eine direkte interpolierende Flächenbeschreibung ohne zu großen Rechenaufwand [41, 42]. Es ähnelt dem Verfahren mit B-Splines und spannt ebenfalls zwischen 4 Stützpunkten ein Flächensegment mit vollständiger polynomaler Beschreibung auf. Wie beim B-Spline-Verfahren werden somit sehr viele Flächenpatches für eine einzige Fläche erzeugt.

Die allgemeine Flächengleichung lautet:

$$R(s,t) = \sum_{i=1}^{n} \sum_{j=1}^{m} f_{i,j}(s,t) \cdot w_i(s) \cdot w_j(t) \qquad (6.28)$$

Im Gegensatz zu den B-Splines werden bei dem LIS Verfahren nicht nur die Stützpunkte, sondern eine sogenannte Überlagerungsfunktion $f_{i,j}(s,t)$ mit den Gewichtsfunktionen $w_i(s)$ und $w_j(t)$ bewertet. Interpoliert die Überlagerungsfunktion k+1 Stützpunkte durch ein Polynom vom Grad k, dann wird das gewünschte interpolierende Verhalten des Verfahrens dann erzielt, wenn die Gewichtsfunktion einen Einflußbereich hat, der gleich oder geringer als k+2 Stützpunkte ist. Ansonsten wirkt das Verfahren approximierend.

Als Gewichtsfunktionen werden uniforme, periodische B-Splines verwendet, die den lokalen Einfluß der Stützpunkte auf den Flächenverlauf bewirken. Weiter- hin beeinflussen sie die Eigenschaften wie Stetigkeit und Konstanz der Krümmungsradien an den Übergangsstellen zwischen zwei Intervallen.

Am Beispiel einer B-Spline-Kurve und einer LIS-Kurve ist im folgenden der Unterschied zwischen beiden Verfahren im eindimensionalen Fall bildlich dargestellt (Bild 6.18 und Bild 6.19).

Gleichung (6.28) schreibt sich in diesem Fall:

$$R(s) = \sum_{i=1}^{n} f_i(s) \cdot w_i(s) \qquad (6.29)$$

$f_i(s) \cdot w_i(s)$ wird im weiteren als Produktfunktion bezeichnet.

Bei der Kurvenberechnung mit B-Splines nimmt die Überlagerungsfunktion f_i die einfache Form

$$f_i(s) = P_i \qquad (6.30)$$

an und ist über dem betrachteten Intervall i konstant.

Hingegen ist der Wert der Überlagerungsfunktion f_i beim LIS-Verfahren im betrachteten Intervall abhängig vom Laufparameter s und von k benachbarten Punkten.

$$f_i(s) = a_{i,0}(P_i)s^0 + a_{i,1}(P_{i+1})s^1 + a_{i,2}(P_{i+2})s^2 + \cdots a_{i,k}(P_{i+k})s^k$$

$$(6.31)$$

In Matrizenform lautet Gleichung 6.31:

$$f_i(s) = \underline{S}^T \cdot \underline{\underline{A}}(i) \cdot \underline{P} \qquad (6.32)$$

mit

$$\underline{S}^T = (s^0\ s^1\ s^2\ s^3\ \ldots\ s^k)$$

$$\underline{P}^T = (P_i, P_{i+1}, P_{i+2}, \ldots, P_{i+k})$$

In dem dargestellten Fall (Bild 6.18 und Bild 6.19) ist der Grad des Interpolationspolynoms als Überlagerungsfunktion 2. Bei der B-Spline Kurve hingegen ist der Grad der Überlagerungsfunktion gleich 0. Die Ordnung der verwendeten B-Spline-Basisfunktionen als Gewichtungs- funktionbeträgt ist in beiden Fällen 4 (k=3). Damit wird bei den LIS-Funktionen ein interpolierendes Gesamtverhalten des Verfahrens erzielt. Im Gegensatz dazu ist das Verfahren mit B-Splines approximierend.

Gleichung 6.31 ist ein lineares Gleichungssystem für die Elemente der Matrix $\underline{\underline{A}}(i)$.

Bezieht man die oben gemachten Betrachtungen auf die LIS-Fläche und vergleicht die Flächenmatrix mit der von den B-Splines (Gl. 6.22), so ergibt sich ein Unterschied in der Stützpunktmatrix $\underline{B}$. In dieser stehen nun Stützpunktfunktionen, die ebenfalls von den Laufparametern abhängig sind.

$$R(s,t) = \underline{S}^T \cdot \underline{\underline{N}} \cdot \underline{\underline{B}}(s,t) \cdot \underline{\underline{M}}^T \cdot \underline{T} \qquad (6.33)$$

Aus dieser Form lassen sich jedoch noch nicht direkt die Flächenkoeffizienten für die VDA-Darstellung ablesen.

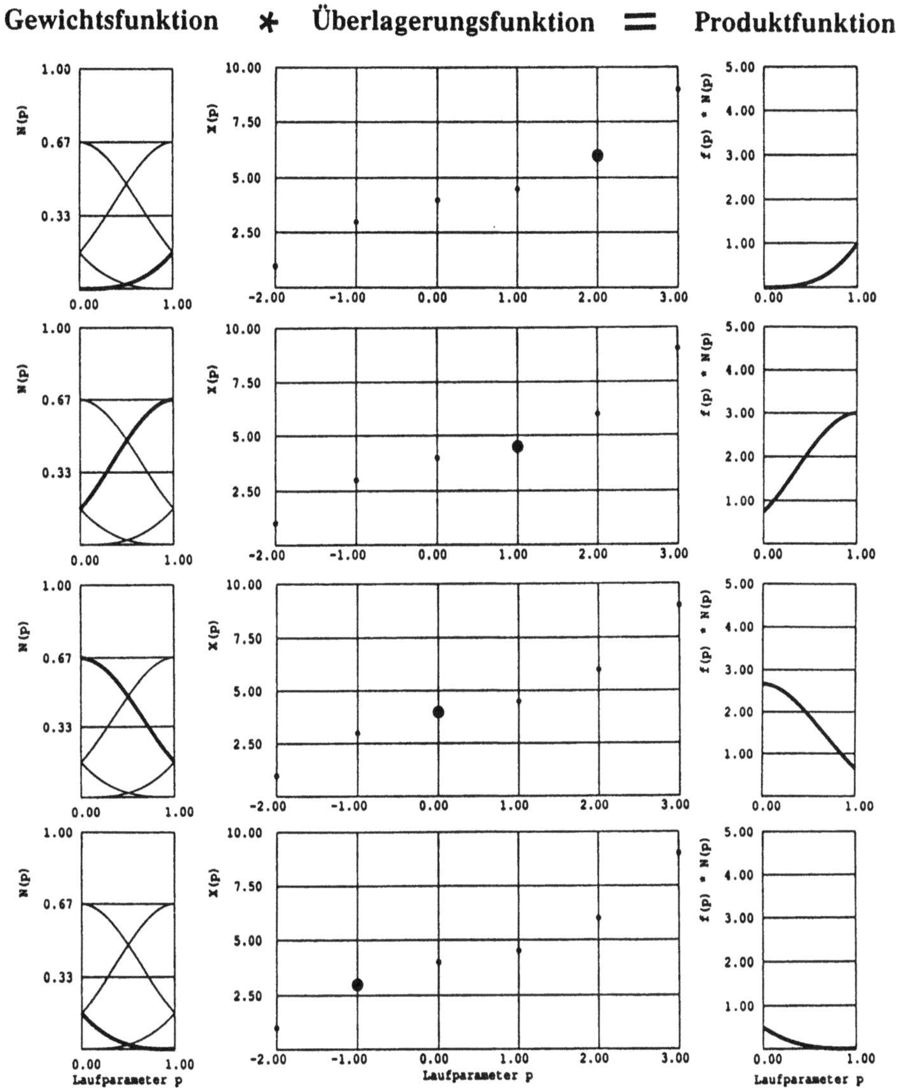

Gewichtsfunktion ✶ Überlagerungsfunktion ═ Produktfunktion

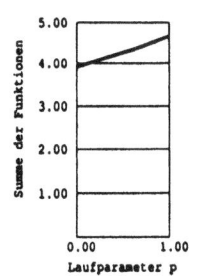

Bild 6.18: B-Splinefunktion der Ordnung 4.
Als konstante Überlagerungsfunktionen werden die Stützpunkte P_i verwendet.

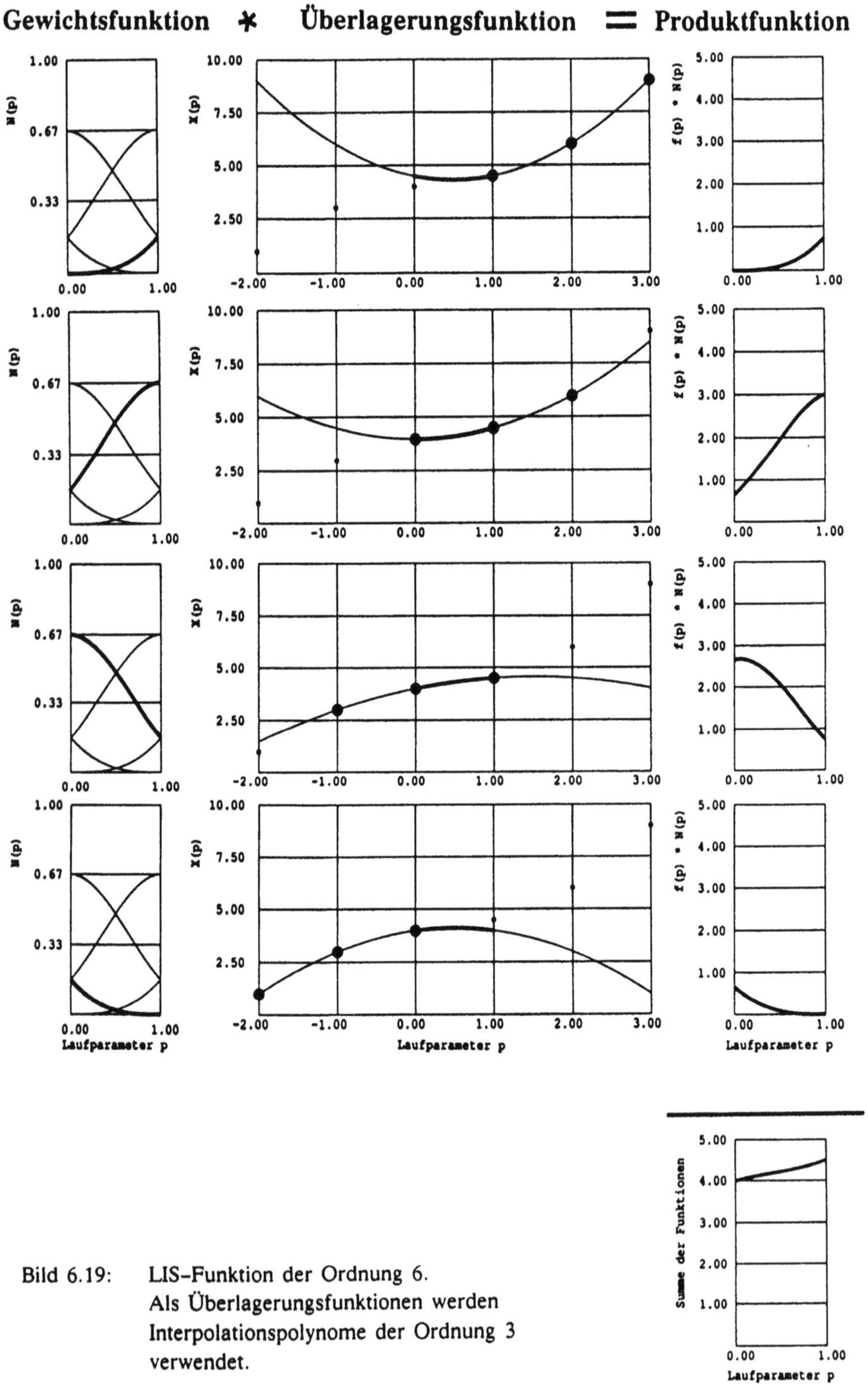

Gewichtsfunktion ✶ Überlagerungsfunktion ═ Produktfunktion

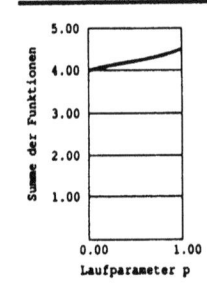

Bild 6.19: LIS-Funktion der Ordnung 6.
Als Überlagerungsfunktionen werden
Interpolationspolynome der Ordnung 3
verwendet.

Um zu einer derartigen Gleichung zu kommen wird folgender Lösungsweg, der Übersicht halber am eindimensionalen Beispiel der LIS-Kurve, aufgezeigt. Für LIS-Flächen gilt die gleiche Vorgehensweise, die jedoch wesentlich aufwendiger darzustellen ist.

Ausgangspunkt ist die Gleichung einer B-Spline-Kurve des Grads d im Intervall von i bis i+1.

$$R_i(s) = \underline{S}^T \cdot \underline{\underline{N}} \cdot \underline{P} \qquad (6.34)$$

mit $\quad \underline{S}^T = (s^0\ s^1\ s^2\ s^3\ ...\ s^d)$

und $\quad \underline{P}^T = (P_i, P_{i+1}, P_{i+2}, ..., P_{i+d})$

Statt des Vektors $\underline{P}$ wird für die LIS-Kurvenberechnung ein Vektor mit den Überlagerungsfunktionen f_i eingeführt. Gleichung 6.34 wird somit zu

$$R_i(s) = \underline{S}^T \cdot \underline{\underline{N}} \cdot \underline{F} \qquad (6.35)$$

erweitert, wobei der Vektor

$$\underline{F} = (f_i, f_{i+1}, f_{i+2}, ..., f_{i+d})$$

Überlagerungsfunktionen des Grads k als Komponenten hat (Gleichung 6.31).

Die Matrix $\underline{\underline{N}}$ berechnet sich mit Gleichung 6.23.

Wenn man Gleichung 6.35 analysiert, erkennt man, daß das Kurvensegment $R_i(s)$ im Intervall i bis i+1 aus der Summe von d+1 Kurven besteht. In diese Summe der Einzelkurven wird Gleichung 6.35 zerlegt. Dazu wird die Matrix $\underline{\underline{N}}$ mit Spaltenvektoren $\underline{n}_i$ geschrieben:

$$\underline{\underline{N}} = (\underline{n}_1, \underline{n}_2, ..., \underline{n}_{d+1}) \qquad (6.36)$$

Gleichung 6.35 wird dann übergeführt zu:

$$R_i(s) = \underline{S}^T \cdot \underline{n}_1 \cdot f_i(s) + \underline{S}^T \cdot \underline{n}_2 \cdot f_{i+1}(s) + ... + \underline{S}^T \cdot \underline{n}_{d+1} \cdot f_{i+d}(s) \qquad (6.37)$$

Die weitere Vorgehensweise ist für jeden Spaltenvektor von $\underline{\underline{N}}$ dieselbe. Im Fall $\underline{n}_1$ ergibt sich nach Einsetzen von Gleichung 6.32 in Gleichung 6.37 für den ersten Summanden die folgende Beziehung:

$$\underline{S}^T \cdot \underline{n}_1 \cdot f_i(s) = (s^0\, s^1 \ldots s^d) \cdot \begin{bmatrix} n_{11} \\ n_{12} \\ \vdots \\ n_{1d+1} \end{bmatrix} \cdot (s^0\, s^1 \ldots s^k) \cdot \begin{bmatrix} a_{11} & a_{12} & \cdots & a_{1k} \\ a_{21} & a_{22} & \cdots & a_{2k} \\ \vdots & \vdots & & \vdots \\ a_{k1} & a_{k2} & \cdots & a_{kk} \end{bmatrix} \cdot \begin{bmatrix} P_i \\ P_{i+1} \\ \vdots \\ P_{i+k} \end{bmatrix}$$

(6.38)

Die Koefizienten a der Matrix $\underline{\underline{A}}(i)$ sind dabei noch Funktionen der Intervallnummer i.

Gleichung 6.38 kann auch in etwas kompakterer Form formuliert werden:

$$\underline{S}^T \cdot \underline{n}_1 \cdot f_i(s) = (s^0\, s^1 \ldots s^{d+k}) \cdot \underline{\underline{L}}_1 \cdot \begin{bmatrix} P_i \\ P_{i+1} \\ \vdots \\ P_{i+k} \end{bmatrix}$$

(6.39)

mit

$$\underline{\underline{L}}_1 = \left\{ n_{11} \cdot \begin{bmatrix} a_{11} & a_{12} & \cdots & a_{1k} \\ a_{21} & a_{22} & \cdots & a_{2k} \\ \vdots & \vdots & & \vdots \\ a_{k1} & a_{k2} & \cdots & a_{kk} \end{bmatrix} + n_{12} \cdot \begin{bmatrix} 0 & 0 & \cdots & 0 \\ a_{11} & a_{12} & \cdots & a_{1k} \\ a_{21} & a_{22} & \cdots & a_{2k} \\ \vdots & \vdots & & \vdots \\ a_{k1} & a_{k2} & \cdots & a_{kk} \end{bmatrix} + \ldots + n_{1d} \cdot \begin{bmatrix} 0 & 0 & \cdots & 0 \\ 0 & 0 & \cdots & 0 \\ \vdots & \vdots & & \vdots \\ 0 & 0 & \cdots & 0 \\ a_{11} & a_{12} & \cdots & a_{1k} \\ a_{21} & a_{22} & \cdots & a_{2k} \\ \vdots & \vdots & & \vdots \\ a_{k1} & a_{k2} & \cdots & a_{kk} \end{bmatrix} \right\}$$

(6.40)

Entsprechendes gilt im Falle beliebiger $\underline{n}_i$.
Führt man die Matrix

$$\underline{\underline{E}} = \sum_i \underline{\underline{L}}_i$$

(6.41)

ein, dann ergibt sich letztendlich:

$$R_i(s) = \underline{S}^T \cdot \underline{\underline{E}} \cdot \underline{P}$$

(6.42)

mit $\underline{S}^T = (\ s^0\ s^1\ s^2\ s^3\ ...\ s^{d+k}\ )$

und $\underline{P}^T = (\ P_i\ ,\ P_{i+1}\ ,\ P_{i+2}\ ,\ ...\ ,\ P_{i+d+k}\ )$

Ausgehend von der berechneten Matrix $\underline{\underline{B}}$ für die Kurve kann nun analog zu Gleichung 6.10 – 6.11 die allgemeine Flächengleichung

$$R(s,t) = \underline{S}^T \cdot \underline{\underline{N}} \cdot \underline{\underline{B}} \cdot \underline{\underline{M}}^T \cdot \underline{T} \qquad (6.43)$$

mit

$$\underline{S}^T = (\ s^0\ s^1\ s^2\ s^3\ ...\ s^{d+k}\ )$$
$$\underline{T}^T = (\ t^0\ t^1\ t^2\ t^3\ ...\ t^l\ )$$

formuliert werden, wobei sich $\underline{\underline{N}}$ und $\underline{\underline{M}}$ wie $\underline{\underline{B}}$ berechnen lassen.

6.2 Aufgaben der Meßtechnik im Zusammenhang mit Freiformflächen

In der Meßtechnik gibt es zwei Grundaufgaben im Zusammenhang mit der Fertigung von Werkstücken mit Freiformflächen:

- Die Digitalisierung eines unbekannten Modells zur Übernahme seiner geometrischen Daten in ein CAD-System.

- Der Soll/Ist-Vergleich einer im CAD-System vorgegebenen Form mit einer gefertigten Oberfläche.

Insbesondere hat dies Bedeutung für den Werkzeug- und Formenbau. Man versucht heute mittels CAD- und Meßtechnik die traditionelle Fertigungsmethoden für Freiformflächen, das Kopierfräsen, durch eine 5-Achs-Fräsbearbeitung zu ersetzen.

Die dazu notwendigen Maschinensteuerdaten können mit Hilfe des mathematischen Abbilds des Modells entweder an einem NC-Programmierplatz oder in einem CAD/CAM- System erstellt werden.

Für den Soll/Ist-Vergleich einer gefertigten mit einer vorgegebenen Form sind zuerst die noch unbekannten Flächendaten der ersteren zu ermitteln. Durch sogenannte

Best-Fit-Methoden werden diese Daten in das Koordinatensystem der Sollform übergeführt; erst so können Vergleiche vorgenommen und maßliche Abweichungen festgestellt werden. Das ist oft mit sehr wenigen Kenngrößen der Flächen der Formen durchführbar. In [43] wird z.b. die Bestimmung des Kurven- oder Flächenschwerpunktes, sowie die Ermittlung der Hauptträgheitsachsen vorgeschlagen. Die Vorgehensweise hat ihre natürlichen Grenzen, die im integralen Charakter der Vergleichsdaten zu finden sind. Flächenwerte, Schwerpunkte und die Werte der Hauptachsen sind mehrdeutig; es gibt verschiedenartigste Strukturen, die in diesemn Werten übereinstimmen. Das Verfahren arbeitet dementsprechend nur zufriedenstellend, wenn die geometrische Struktur von soll- und Istform sehr verwandt sind.

Im weiteren wird ausschließlich die zuerst genannte Grundaufgabe, der Erfassung der Geometrie einer unbekannten Form und deren Übertragung in ein CAD-System behandelt.

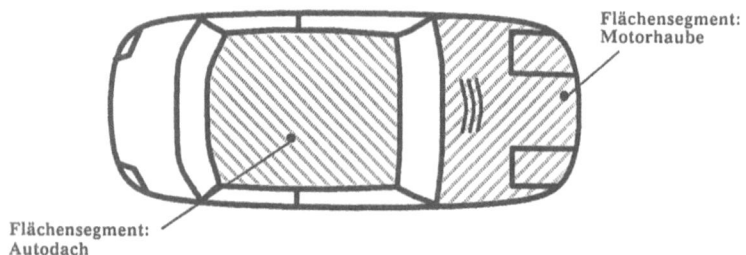

Bild 6.20:   Beispiel einer Segmentierung am Automodell

Zunächst wird hierzu am Modell eine Segmentierung der Oberfläche durchgeführt (Bild 6.20). Die Segmentierung kann vom Meßtechniker willkürlich vorgenommen werden. Meist werden Segmentgrenzen dort gesetzt, wo eine starke Änderungen der Flächennormalenrichtungen vorkommt. Anschließend werden mit einem Koordinatenmeßgerät die Koordinaten diskreter Oberflächenpunkte auf den Segmenten erfaßt und einem der geschilderten Verfahren bearbeitet.

Um die Zeit für die Datenaufnahme und für die Verarbeitung der geometrischen Information gering zu halten, ist man bei praktischen Anwendungen bemüht, mit möglichst wenig Meßpunkten auszukommen. Das wiederum erfordert die Beantwortung einiger wesentlicher Fragen:

- Wie dicht müssen die Meßpunkte liegen, damit Abbildungsfehler möglichst gering gehalten werden ?

- In welcher Anordnung müssen die Meßpunkte verteilt sein, damit eine lokale Beulung am Modell in den mathematischen Verfahren berücksichtigt wird?

- Wie sieht eine günstige Aufteilung der Flächensegmente auf der Modelloberfläche aus, um eine korrekte Formabbildung zu erreichen?

- Welche Verfahren eignen sich besonders für die Flächenbeschreibung und welchen Einfluß haben sie auf die Formberechnung ?

Die Fragen sind nicht unabhängig voneinander zu beantworten. Insbesondere hat das eingesetzte Berechnungsverfahren einen wesent- lichen Einfluß auf die entstehende CAD-Abbildung.

In dem nachfolgenden Kapitel sind einige exemplarische Ergebnisse von durchgeführten Untersuchungen dargestellt. Verwendet wurden alle oben beschriebenen Verfahren. Die nachfolgenden Bilder sollen die Anforderungen an ein Meßmodul für Koordinatenmeßgeräte verdeutlichen. Das Meßmodul, das während der Arbeiten entstand, wird diskutiert.

6.3 Untersuchungen zur Flächenabbildung

Um das Verhalten der geschilderten mathematischen Verfahren in Extremfällen aufzuzeigen, wurde insbesondere auf das Element Halbkugel zurückgegriffen. Diese Form ist ein gut vorstellbarer Vergleichskörper und es lassen sich an ihr sehr schön die Stärken und Schwächen der Algorithmen darstellen; Resultate sind leicht interpretierbar.

Der Übersicht halber wird in einigen Fällen die Formabweichung nur auf einem Kugelschnitt berechnet und dargestellt.

Weiterhin wurden zum Test Punktfolgen vorgegeben, die sprungartige und sägezahnartige Änderungen im Verlauf ihrer Anordnungen aufweisen.

6.3.1 Approximierende und interpolierende Verfahren

Bei vielen dicht liegenden Meßpunkten mit starken Krümmungsänderungen im Formverlauf kann man das approximierendes B-Spline Verfahren wählen. Mit zunehmender Punktmenge schmiegt sich die berechnete Fläche immer enger an die vorgegebenen Punkte an (Bild 6.21). Bei einseitiger Krümmung der Form wird sie jedoch nie direkt durch die Punkte verlaufen (s. Kap. 6.1.1). Die Fläche ist an den Segmentübergängen stetig.

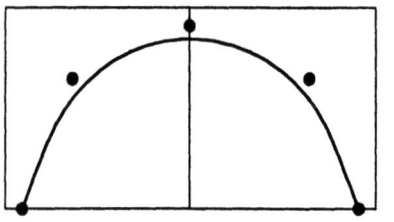 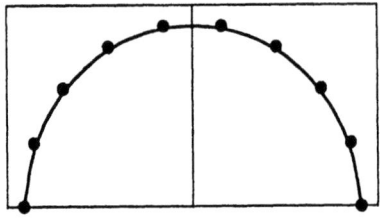

Bild 6.21: Approximierende B-Spline-Kurven von 3. Ordnung mit 5 und 10 Halbkreisstützpunkten

Mit Zunahme ihrer Ordnung wird die approximierende B-Spline-Kurve unempfindlicher gegen Änderungen im Punktverlauf; die Kurve wird ausgleichender (Bild 6.22).

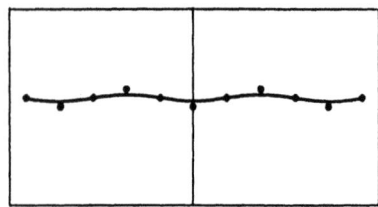 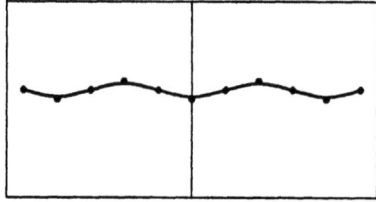

Bild 6.22: Approximierende B-Spline-Kurven von 3. und 10. Ordnung durch Sägezahnpunkte

Bei sprunghaften Änderungen in der Lage der Punkte, also an Kanten (Bild 6.23), hängt der Verlauf der Approximation wesentlich von der Ordnung der B-Spline-Kurve ab. Mit zunehmender Ordnung werden weiter und weiter von der Kante entfernte Punkte in die Berechnung einbezogen und um so mehr wird dadurch die sprunghafte Änderung geglättet.

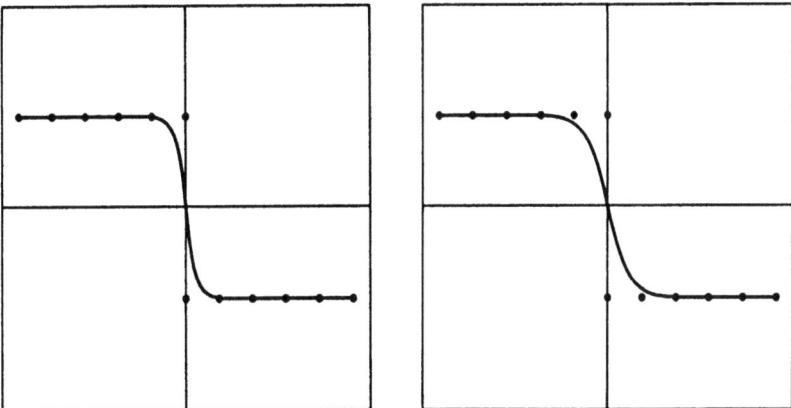

Bild 6.23: Approximierende B-Spline-Kurven von 5. und 10. Ordnung bei sprunghafter Formänderung

Bei wenigen Punkten, die oft auf nur schwach gekrümmten Flächen erfaßt werden und zudem weit auseinanderliegen, eignet sich das interpolierende Bezier-Verfahren. Es eignet sich weiterhin bei harmonisch verlaufenden Krümmungsänderungen, wie bei dem Sägezahnprofil in Bild 6.24 rechts.

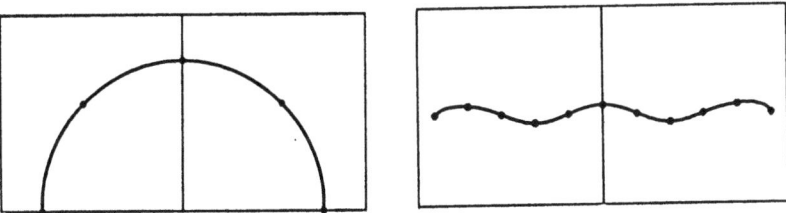

Bild 6.24: Interpolierende Bezierkurve 5. Ordnung durch fünf Kreispunkte und 11. Ordnung durch Sägezahnpunkte

Empfindlich hingegen reagiert das interpolierende Bezierverfahren auf scharfe Krümmungsänderungen und auf nichtäquidistante Punktabstände (Bild 6.25). Es treten extreme Kurvenverläufe auf, die von den, den Punkten zugrundeliegenden Formen stark abweichen ("Schwingen").

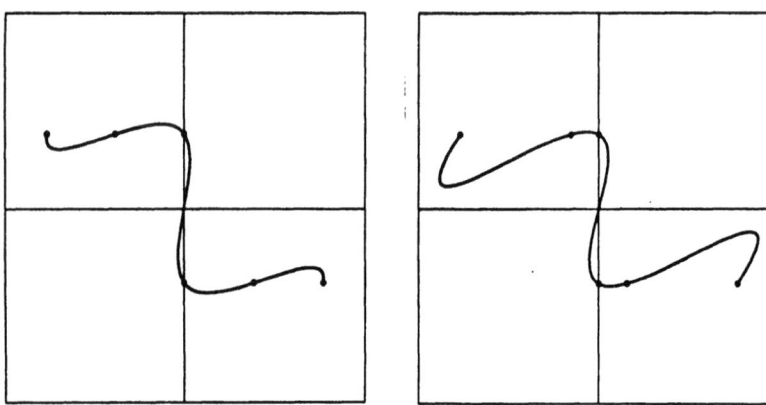

Bild 6.25: Interpolierende Bezierkurven 6. Ordnung bei scharfer Formänderung und bei Variation des Punktabstandes

Auch die verwendete Ordnung des Flächenberechnungsverfahrens hat einen wesentlichen Einfluß auf die entstehende Flächenform. So entsteht bei gleichem mathematischen Verfahren jedoch mit unterschiedlicher Flächenordnung aus der gleichen Punktmenge einmal eine gute Näherung der Halbkugel und ein anderes Mal ein anmutiges Gebilde (Bild 6.26). Im Gegensatz zu der Bestimmung der Oberflächen als Regelkörper kann das Berechnungsverfahren für Freiformflächen mit der Information des Elementtyps, im Beispiel die Kugel, nichts anfangen.

Dies zeigt deutlich, daß die Notwendigkeit der visuellen Kontrolle der berechneten Flächen durch den Meßtechniker besteht.

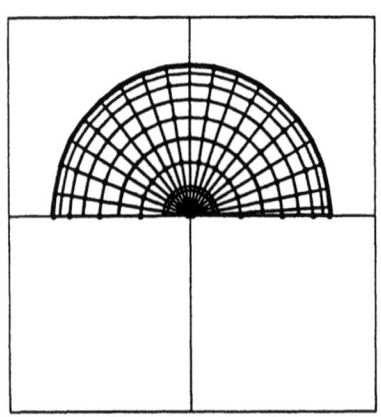
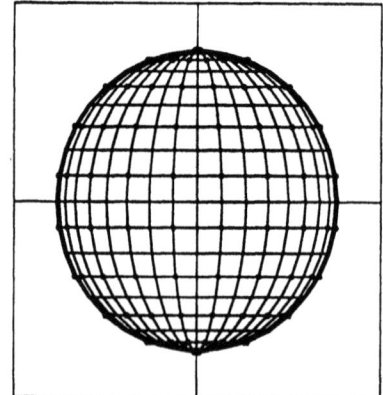

Bild 6.26: Interpolierte B-Spline-Kugel 4. Ordnung und 3. Ordnung bei gleichen Ausgangspunkten (hier 4. Ordnung)

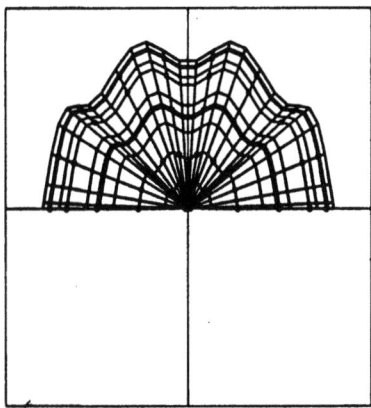 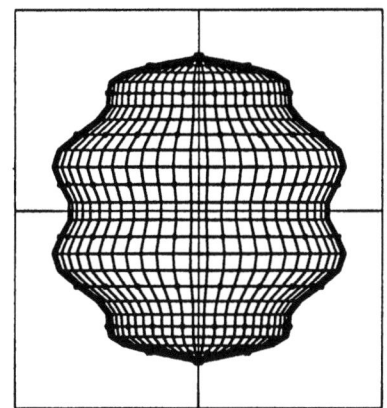

Bild 6.26: Interpolierte B-Spline-Kugel 4. Ordnung und 3. Ordnung bei gleichen Ausgangspunkten (hier 3. Ordnung)

6.3.2 Einfluß der Punktmenge und -lage auf die Flächenbildung

Nimmt man zu wenig Meßpunkte auf oder legt diese ungünstig, dann ist keine korrekte Formabbildung erzielbar. Bei Freiformflächen gibt es im Gegensatz zu den Oberflächen der prismatischen Körper keine vorgegebene Mindespunktzahl (s. Bild 2.3), die festlegt, ob die Flächenform berechnet werden kann.

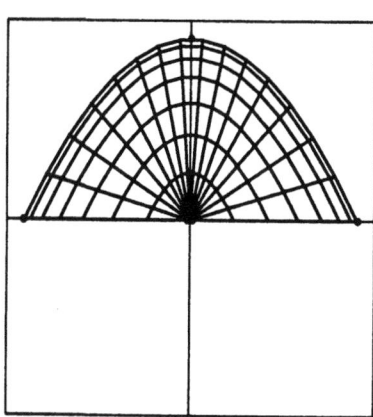 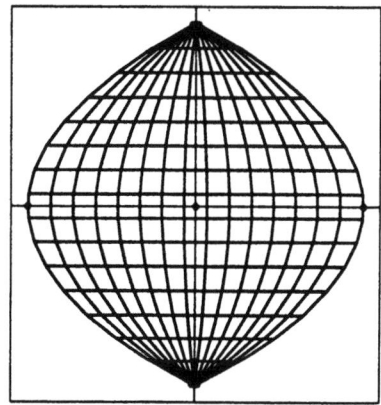

Bild 6.27: Fehlerhafte Formabbildung einer Kugel bei zu wenig Meßpunkten und bei ungünstig verteilter Meßpunktlage (interpolierender Bezier 3. Ordnung in beiden Parameterrichtungen)

Bei der gezeigten Halbkugel wurden die Meßpunkte auf Meridianschnitten angeordnet.

Einen weiteren Einfluß hat die Punktmenge auf die Segmentbildung. So schreibt die Ordnung der Bezierverfahren die Anzahl der verwendeten Punkte vor. Sollen mehr Punkte in die Formbildung eingehen, dann muß eine Segmentierung erfolgen. Diese führt bei Bezier zu unstetigen Segmentübergängen. Mit kleiner werdender Ordnung schmiegt sich die Bezierform besser an den Punktverlauf (Bild 6.28).

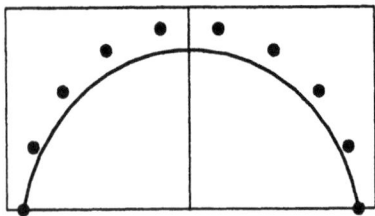 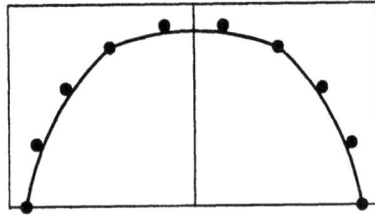

Bild 6.28:   Approximierende Bezierkurve 10. Ordnung aus einem Segment und zu 4. Ordnung mit 3 Segmenten

Unstetigkeiten treten bei den Berechnungsverfahren mit den lokal interpolierenden Splines (LIS) und den B-Splines nicht auf. Diese segmentieren verfahrensbedingt zwischen den Stützpunkten und blenden die Segmente ineinander über (Bild 6.29).

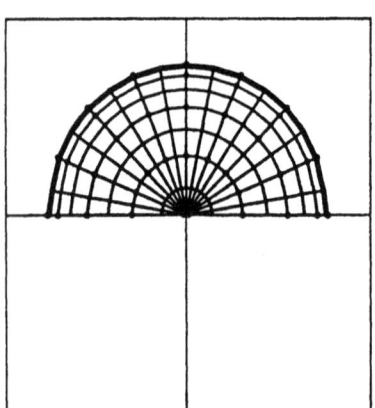 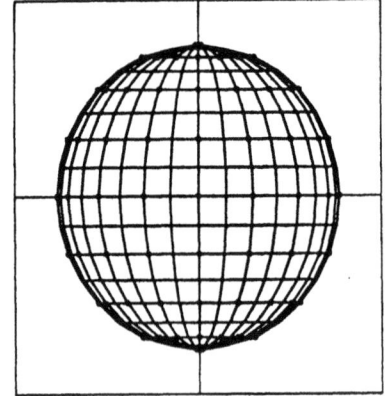

Bild 6.29:   Interpolierende LIS-Kugel. Die Ordnung der Überlagerungsfunktionen beträgt 3, die der Gewichtsfunktionen 4

Auf eine unterschiedliche Punktdichte reagieren die LIS-Funktionen und die interpolierende B-Spline Funkion der Ordnung 4 recht unempfindlich (Bild 6.30), wogegen das interpolierende Bezierverfahren bei Variation der Punktdichte erhebliche Formänderungen zur Folge hat.

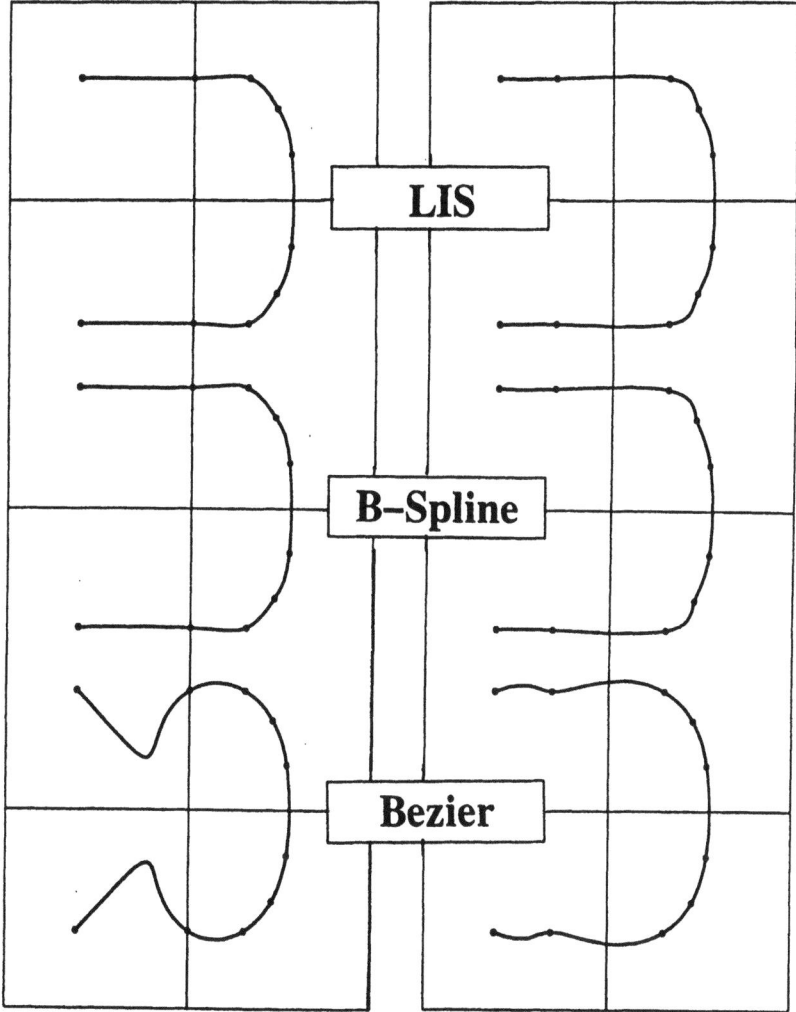

Bild 6.30: LIS der Ordnung 2,3, interpolierende B-Splines der Ordnung 4 und interpoliernde Bezierkurven der Ordnung 10 im Vergleich bei Variation der Punktlage

Sehr empfindlich reagiert das interpolierende Bezierverfahren auf eine lokale Beule im ansonsten harmonischen Kurvenverlauf. Die folgenden Bilder zeigen das Verhalten am

Beispiel eines Halbkugelschnittes. Der oberste Punkt ragt leicht aus der kreisförmig angeordneten Punktmenge heraus. Während das approximierende Bezierverfahren nahezu dasselbe Resultat wie ohne Beulung liefert (Bild 6.31, links), wirkt sich bei der Interpolation die Beulung an den Kurvenrändern aus (Bild 6.31, rechts). Abhilfe bietet eine Segmentierung der Kurve. Die Segmentgrenze muß dabei in der Beulung liegen. Die Segmentierung führt jedoch bei Verwendung des interpolierenden Bezierverfahrens zu einem nicht glatten Übergang an den Segmentgrenzen (Bild 6.32, links). Sehr schön dagegen folgt der Kurvenzug der lokal interpolierenden Splines der lokalen Beulung (Bild 6.32, rechts).

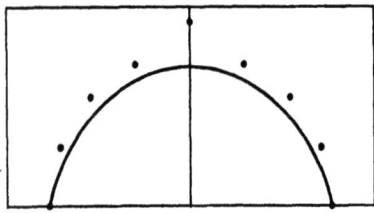
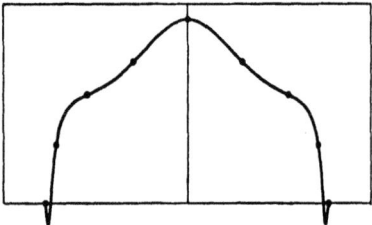

Bild 6.31: Reaktion einer approximierenden und interpolierenden Bezierkurve 9. Ordnung auf eine lokale Beulung

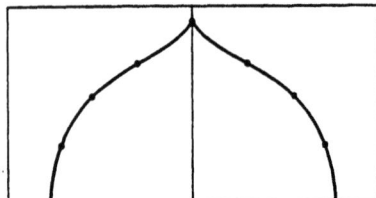
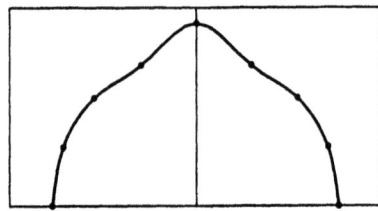

Bild 6.32: Reaktion einer segmentierten Bezierkurve 5. Ordnung und einer LIS-Kurve 5. Ordnung auf eine lokale Beulung

6.4 Anforderung an ein Meßmodul zur Erfassung frei geformter Flächen

Die oben gezeigten mathematischen Verfahren zur Berechnung von Freiformflächen benötigen ein rechteckiges Stützpunktmuster im Parameterbereich.

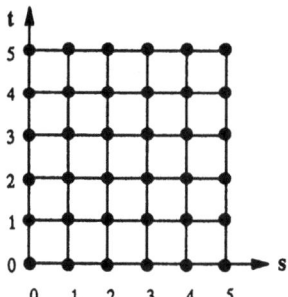

Bild 6.33: Rechteckiges Stützpunktmuster in der Parameterebene zur Flächenberechnung

Vor einer Flächenberechnung aus Meßpunkten muß deshalb eine geeignete Abbildung der erfaßten Werte in den Parameterbereich erfolgen [55]. Dabei kann nicht vom Anwender der Koordinatenmeßgeräte erwartet werden, daß er dieses Punktemuster erzeugt. Er steuert das Meßgerät entlang frei gewählter Konturen und nimmt auf diesen Oberflächenwerte auf. Die Anzahl der Meßpunkte auf jeder Konturlinie bleibt dem Meßtechniker überlassen. Es ist nicht möglich, daß die Punkte bei manueller Messung äquidistant auf einer gekrümmten Oberfläche erfaßt werden. Ein Meßmodul muß also in der Lage sein, aus den gelieferten Punkten das rechteckige Stützpunktmuster zu berechnen. Dazu muß eine geeignete Parametrisierungsstrategie verwendet werden. Diese hat einen großen Einfluß auf die nachfolgende Flächenbildung.

Um eine geeignete Parametrisierung durchführen zu können müssen Regeln für die Meßpunktverteilung auf der zu mesenden Oberfläche vorgegeben werden. Weiterhin ist ein bestimmter Ablauf der Messung notwendig, um die Punkte problemgerecht aufbereiten zu können. So hat es sich beispielsweise als günstig erwiesen, zuerst eine Flächenberandung zu definieren und anschließend Meßschnitte über die so eingegrenzte Fläche zu legen. Damit lassen sich Meßpunkte, die außerhalb der Berandung liegen erkennen und eliminieren.

Neben einer guten Parametrisierung muß ein Meßmodul leicht und übersichtlich bedienbar sein. Fehlbedienungen und nicht sinnvolle Meßaktionen dürfen keinen Einfluß auf das Meßergebnis haben. Auch die grafische Unterstützung beim Meßablauf ist wesentlich für das Modul. So kann an frei geformten Flächen keine Berandung direkt visuell erkannt und bestimmt werden, wie dies bei prismatischen Oberflächen, beispielsweise einer Bohrung möglich ist. Der Verlauf der Flächenberandung, der durch die Aufnahme der Randkurven festgelegt wird, sollte deshalb auf einem grafischen Bildschirm sichtbar gemacht werden. Dies unterstützt die Auswahl von Meßpunkten innerhalb des definierten Flächenelementes.

Auch das nachträgliche Einfügen von Meßpunkten muß dem Anwender möglich sein.

6.5 Anforderungen an die Meßdarstellung während und nach dem Meßvorgang

Die Dualität der meßtechnischen Aufgabe bei Freiformflächen, einerseits die Erfassung einer Modellfläche für die weitere Nutzung innerhalb eines CAD/CAM-Systems, andererseits der Soll-/Ist-Vergleich einer gefertigten Fläche mit einer Vorgabe, machen unterschiedliche Darstellungsformen notwendig.

Es bieten sich insbesondere durch den Einsatz grafischer Systeme verschiedene gute Möglichkeiten der Visualisierung an. Diese unterstützen den eigentlichen Meßvorgang und stellen die berechnete Form mit Abweichungen zur Beurteilung dar.

Erforderlich dazu sind folgende Funktionen:

On-line-Kontrolle des Meßvorgangs:

Wesentlich für eine günstige Parametrisierung bei der Meßpunktaufnahme und damit einer guten Flächenerfassung ist die Anordnung der Meßpunkte auf dem zu messenden Werkstück. Um die Lage stets beurteilen zu können und um Meßpunkte geeignet zu ergänzen, ist der Ort jeder Messung zu kennzeichnen. Am Modell ist dies schlecht möglich. Die Meßwerte werden direkt nach der Aufnahme am grafischen Bildschirm gekennzeichnet.

Räumliche Flächendarstellung:

Die On-line-Kontrolle des Meßvorgangs läßt sich am besten an einem räumlichen Flächenbild verfolgen. Das Meßmodul muß daher zur axiometrischen Darstellung fähig sein.

Darstellung von Abweichungen:

Der Sinn des Meßmodules liegt darin, freigeformte Flächen bestmöglich auf eine mathematische Beschreibung abzubilden, bzw. Abweichungen einer gefertigten Fläche von einem Sollmodell zu ermitteln. Hierfür sind weitere Darstellungshilfen erforderlich.

Die erste Methode ist die lokale Abweichungsdarstellung von Vektoren in der Fläche. Jeder Vektor hat seinen Fußpunkt an der gemessenen Stelle. Sein Betrag ist der mit einem Überhöhungsfaktor multiplizierte Wert der Abweichung vom Sollwert. Seine Richtung entspricht der Abweichungsrichtung (Bild 6.34). Neben dieser visuellen Form der Abweichungsdaten müssen diese selbstverständlich auch in Tabellenform in Datenfiles gespeichert sein.

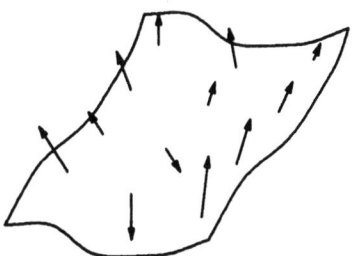

Bild 6.34: Darstellung von Abweichungen durch ein Vektorfeld

Die zweite Methode erzeugt eine globale Übersicht der Abweichungen mittels einerr Falschfarbendarstellung der Meßwertfehler. Die auf dem Bildschirm abgebildete Meßfläche ist mit einem Farbmuster versehen, das entsprechend den berechneten Abweichungen farblich abgestuft ist.
Ebenso müssen mit dem Meßmodul über eine farbgrafische Abstufungen Krümmungsänderungen auf der Fläche und Linien gleicher Höhen sichtbar gemacht werden können.

6.6 Konzept und Realisierung eines Meßmoduls für Freiformflächen

Aus den Anforderungen zur Erfassung von Flächen und deren Darstellung wird in diesem Abschnitt mit den oben genannten drei mathematischen Verfahren ein Konzept für ein Meßmodul beschrieben, das bereits seinen Einsatz in der industriellen Meßtechnik gefunden hat.

Das realisierte Konzept dient jedoch auch weiterhin der Erforschung von günstigen Meßstrategien [52-56].

Das Konzept sieht die Verknüpfung von Koordinatenmeßgerät und CAD-System vor. Die grafischen Routinen des CAD-Systems werden zur Visualisierung der Meßpunktaufnahme und des Berechnungsergebnisses, sowie zur Darstellung der ermittelten Abweichungen vom Sollwert verwendet. Weiterhin dient das CAD-System als Solldatenlieferant. Damit können die Koordinaten beliebiger Punkte einer CAD-Fläche ausgewählt werden. Eine wesentliche Strategie zum Messen von Freiformflächen ist das Zusammenspiel von Meßtechnik und CAD.

Die oben diskutierten Beispiele (Bild 6.25-6.27 und 6.30) haben aufgezeigt, daß eine vollständige Automatisierung des gesamten Meßvorgangs heutzutage noch nicht möglich ist. Insbesondere ist die Segmentierung nicht so durchführbar, daß automatisch sinnvolle Resultate sich ergeben. Ein weiterer Punkt, der ebenfalls schwierig zu automatisieren ist, ist die Kontrolle der Approximation.

In weiteren Untersuchungen hat sich gezeigt, daß die Aufnahme vieler Meßdaten nicht erforderlich ist, wenn die wesentlichen flächenbestimmenden Stützpunkte bekannt sind. Da diese Voraussetzung meist nicht erfüllt ist, ist ein iteratives Suchen dieser Stützpunkte sinnvoll.

Realisiert wurde das Konzept mit einem CNC-gesteuertes Zeiss-Koordinatenmeßgerät UMC 550 mit der Meßsoftware UMESS 300. UMESS besteht aus Sprachbefehlen der HPL-Interpretersprache. Auf der CAD-Seite wurde EUCLID von der Firma Matra-Datavison eingesetzt. Diese CAD-System besteht aus FORTRAN-Modulen und ist vom Anwender mit FORTRAN-Programmen erweiterbar.

Die für die Lösung entwickelten Module wurden, soweit es sich um meßunterstützende Bedienerführungen handelt, in die Meßsoftware UMESS integriert. Die Berechnungssoftware für die Freiformflächen ist in FORTRAN realisiert und ein eigenständiges Programmpaket. Es verwendet die genormte VDA-Flächenschnittstelle als Datenausgang zum CAD-System. Die Benutzerführung für das erstellte Programm wurde in EUCLID eingebunden und unterscheidet sich hinsichtlich der Bedien- oberfläche nicht vom CAD-System; der Benutzer startet Subprozesse über Bedienmasken.

Wenige Meßpunkte werden in einem ersten Arbeitsgang durch manuelle Ansteuerung mit dem Koordinatenmeßgerät aufgenommen, ans Meßmodul übertragen und dort für die Berechnung einer ersten Approximation der Fläche verwendet (Pfeil_3, Bild 6.35). Diese erste Approximation hat meist noch große Abweichungen von der tatsächlichen Flächenform.

Sind bereits mathematische Beschreibungen der zu prüfenden Fläche vorhanden, beispielsweise durch eine CAD-Konstruktion, so können diese alternativ ins Meßmodul im VDA-FS-Format eingelesen werden (Pfeil_1, Bild 6.35). Über dieses Format wird auch die erste Flächenbeschreibung an das CAD-System gegeben und auf dem Bildschirm visualisiert (Pfeil_5, Bild 6.35).

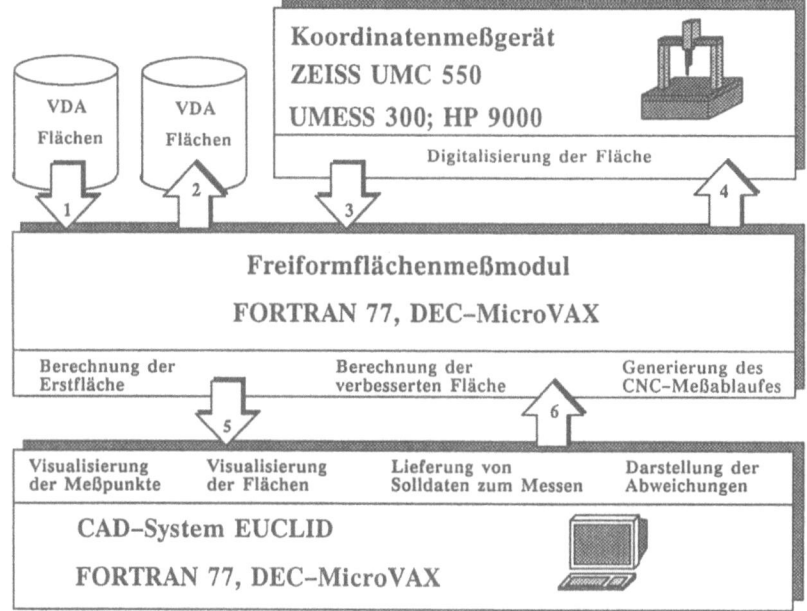

Bild 6.35: Struktur der Systemverknüpfung für das Messen von Freiformflächen

Im CAD-System werden Sollmeßpunkte auf die grobe Näherungsfläche aufgebracht. Sie sollen vom Koordinatenmeßgerät angefahren und gemessen werden. Dazu liest das Freiformflächenmeßmodul die Solldaten im VDA-Format vom CAD-System ein (Pfeil_6, Bild 6.35) und generiert CNC-Meß- und Fahrdaten. Diese Informationen werden an das Koordinatenmeßgerät geleitet (Pfeil_4, Bild 6.35), welches die gemessenen Punktkoordinaten in das Freiformflächenmeßmodul (Pfeil_3, Bild 6.35) überträgt. Für die erforderliche Kommunikationen wurde eine Schnittstelle definiert und realisiert [51].

Mit den erhaltenen Meßdaten werden die Abweichungen zu der bisherigen Fläche ermittelt, wiederum in das CAD-System übertragen (Pfeil_5, Bild 6.35) und dargestellt. Falls notwendig wird mit den neuen Meßpunkten im Freiformflächenmeßmodul eine verbesserte Fläche berechnet. Der Vorgang kann iterativ wiederholt werden, bis die berechneten Abweichungen eine vorgegebene Sollschranke unterschreiten. Über eine VDA-FS-Schnittstelle (Pfeil_2, Bild 6.35) kann das Ergebnis an beliebige CAD-Systeme übergeben werden.

Für die Flächenberechnung wurden alle oben beschriebenen mathematischen Verfahren ins System integriert und können sehr einfach angewandt werden. Eine geeignete Benutzeroberfläche ist vorhanden.

6.7 Praktische Durchführung der Flächenerfassung

Zunächst steht für die Bestimmung der Erstfläche die Aufgabe der Randkurvenmessung an. Dieser Aufgabe folgt das Digitalisieren innerhalb der Berandung.

6.7.1 Randkurvenmessung

Bei frei geformten Flächen im Raum können die Flächenbegrenzungen nicht auf dem Werkstück erkannt werden. Auch ist es zu aufwendig, die Meßpunkte am Werkstück zu markieren. Deshalb wird eine Visualisierung der erfaßten Punkte im CAD-System bei der Meßpunktaufnahme durchgeführt. Der Meßtechniker kann bei der weiteren Messung durch die grafische Unterstützung abschätzen, wo er für die Bestimmung der Erstfläche weitere Meßwerte erfassen sollte. Wird jedoch eine angrenzende Fläche vermessen, so darf die trennende Randkurve nicht erneut erfaßt werden. Dies würde zu einer Überbestimmung führen, da es nicht möglich ist zwei exakt gleiche Raumkurven durch unterschiedliche Punkte zu berechnen.

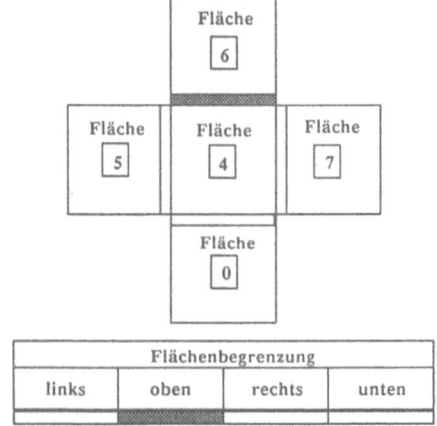

Bild 6.36: Bedienmaske mit Auswahltasten zur Kennzeichnung von Nachbarschaftsbeziehungen und gemeinsamer Randkurven mehrerer Flächensegmente

Aus diesem Grund wurde in dem realisierten Meßmodul eine Bedienmaske erstellt mit der die Zuordnung der Randkurven zu den Flächen definiert wird (Bild 6.36).

Eine zu messende Fläche besteht aus vier Rändern, die vom Anwender beliebig festgelegt werden können. Dementsprechend darf eine Fläche nur an maximal vier

Nachbarflächen anschließen. Jede Fläche erhält zur Kennzeichnung eine Nummer. Durch Anwahl einer Flächenbegrenzungslinie mittels Auswahltasten, werden die im folgenden aufzunehmenden Meßpunkte dieser Randkurve zugeordnet. Weiterhin wird beim Vermessen von benachbarten Fläche anzeigt, ob ein Rand bereits gemessen wurde.

6.7.2 Aufnahme von Meßdaten innerhalb der Berandung

Ist die Randmessung abgeschlossen, dann kann innerhalb dieser Berandung eine willkürliche Meßpunktaufnahme erfolgen. Lediglich notwendig ist die Forderung, daß die Punkte so angeordnet sind, daß ihre Verbindung auf sich nicht selbst überschneidenden Oberflächenlinien möglich ist (Bild 6.37). Dies wird im nächsten Abschnitt näher erläutert.

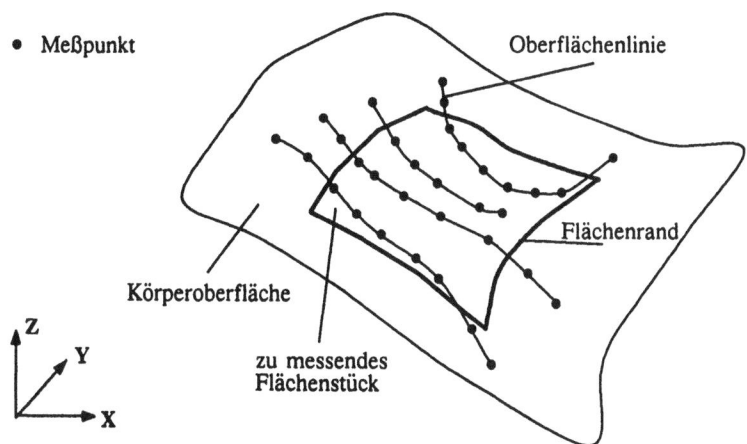

Bild 6.37: Beliebige Lage von Meßpunkten auf Oberflächenlinien

Das angewandte Verfahren erlaubt auch die Aufnahme von Meßpunkten über den vorher definierten Flächenrand hinaus. Diese Möglichkeit ist wichtig, da die exakte Begrenzungslinie dem Meßtechniker unbekannt ist und oft auch die Flächeninformation außerhalb der Berandung gut für die Berechnung herangezogen werden kann. Die Anzahl der Meßpunkte je Oberflächenlinie ist beliebig.

6.7.3 Aufbereitung der Daten

Es wurde schon erwähnt, daß für die mathematischen Verfahren ein rechteckiges Stützpunktmuster im Parameterraum erzeugt werden muß. Der Meßtechniker kann dies Muster selbst nicht in genügender Form erzeugen. Seine gewählten Koordinatenwerte müssen deshalb korrigiert und ergänzt werden.

Hierzu wird mit den erfaßten Randmeßdaten jeweils eine Kurve berechnet, in Parameterform dargestellt und daraus die erforderlichen äquidistanten Stützpunkte berechnet (Bild 6.38).

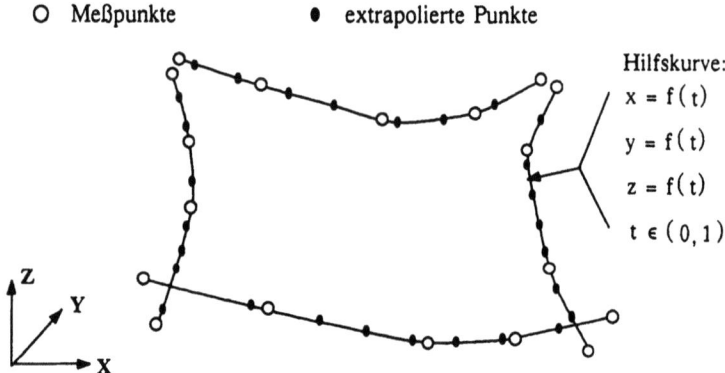

Bild 6.38: Extrapolation gleichzahliger Randstützpunkte durch Bildung von Hilfskurven

Gemäß der Flächendefinition müssen die Randkurven auf der Körperoberfläche liegen und sich im Bereich der Endpunkte schneiden. Durch die Berechnung der Kurven aus nur wenigen Punkten ist dies jedoch nicht der Fall. Ein realer Schnittpunkt der berechneten Randkurven liegt in der Regel nicht vor. Das Meßmodul ermittelt daher den geringsten Abstand der in Frage kommenden approximierten Randkurven und legt als Schnittpunkt den Mittelpunkt dieser Abstandsstrecke fest.

Überlagern sich zwei benachbarte Randkurven nicht (Bild 6.38 linke obere Ecke), dann werden die letzten Punkte miteinander verbunden. Eckpunkt wird dann der erste Punkt der im Uhrzeigersinn rechtsgelegenen Kurve.

Liegen die parametrisierten Randkurven vor, dann wird das gleiche Verfahren der Parametrisierung für die Extrapolation der Meßlinien angewandt. Auf allen Meßlinien wird eine vorgegebene Menge von Punkten bestimmt. Bei dieser Vorgehensweise tragen auch die Meßpunkte außerhalb der zu messenden Fläche zum Kurvenverlauf bei, da sie in die Kurvenberechnung eingehen. Erst nach Ermittlung der Parameterkurven werden die Schnittpunkte der Meßlinien mit den Randkurven bestimmt, bzw. festgelegt.

Wird das Verfahren bei allen Meßlinien durchgeführt, dann erhält man das erforderliche rechteckige Stützpunktmuster für die erste Approximation.

Ausgehend von dieser kann im CAD-System leicht ein Sollpunktgitter erzeugt werden, das die Fläche im CNC-Ablauf vom Koordinatenmeßgerät nachmessen läßt.

6.7.4 Tasterradiuskorrektur

Die Koordinatenmeßtechnik arbeitet in der Regel mit Taststiften an deren Enden eine harte Rubinkugel mit einem endlichen Radius befestigt ist. Der Durchmesser der Tastkugel wird durch einen Kalibriervorgang vor Beginn eines Meßablaufes festgestellt.

Alle erfaßten Meßdaten beziehen sich nach der Kalibrierung auf den Tastkugelmittelpunkt. Unbekannt ist bei einer Messung der eigentliche Berührpunkt der Tastkugel mit der Körperoberfläche. Er kann aus einem einzelnen Meßvorgang nicht ermittelt werden.

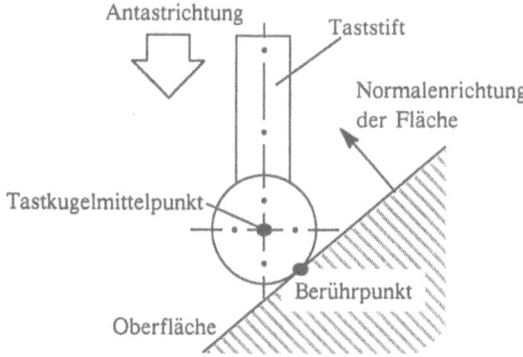

Bild 6.39: Zusammenhang zwischen Tastkugelmittelpunkt und Berührpunkt

Bei prismatischen Körpern wird das Formelement mit den Tastkugelmittelpunkten berechnet und anschließend um den Radius vergrößert (z.B. Innenkreis), verkleinert (z.B. Außenkreis) oder verschoben (z.B. Ebene).

Bei den Freiformflächen läßt sich dies nicht so einfach durchführen. Hier muß für jeden Punkt separat eine Tastkugelradiuskorrektur vorgenommen werden.

Dazu wird zunächst mit den Tastkugelmittelpunkten gemäß den oben diskutierten Flächenalgorithmen eine Ersatzfläche durch diese Punkte berechnet. Anschließend erfolgt die Bestimmung einer Normalfläche in jedem Stützpunkt. Ist die Normalfläche bekannt, wird in die Richtung der zugehörigen negativen Flächennormalen ein Vektor erzeugt, dessen Betrag der Tastkugelradius ist. Dieser Vektor wird zu dem Tastkugelmittelpunkt addiert und zeigt dann auf den eigentlichen Berührpunkt (Bild 6.39).

Die Flächennormale in einem Stützpunkt ergibt sich aus dem Kreuzprodukt der Flächengradienten in der Parameterrichtung s und t (Bild 6.5) in diesem Punkt.

Der Gradient läßt sich dann leicht berechnen, wenn für jede Richtung der Oberfläche eine Gleichung nachstehender Form vorliegt:

$$R_i(s) = \underline{S}^T \cdot \underline{\underline{N}} \cdot \underline{P} \qquad (6.34)$$

mit
$$\underline{S}^T = (\ s^0\ s^1\ s^2\ s^3\ ...\ s^d\ )$$

und
$$\underline{P}^T = (\ P_i\ ,\ P_{i+1}\ ,\ P_{i+2}\ ,\ ...\ ,\ P_{i+d}\ )$$

Der Gradient bestimmt sich daraus zu:

$$\frac{\delta R_i(s)}{\delta s} = \underline{S}'^T \cdot \underline{\underline{N}}' \cdot \underline{P} \qquad (6.44)$$

mit
$$\underline{S}'^T = (\ s^0\ s^1\ s^2\ s^3\ ...\ s^{d-1}\ )$$

und
$$\underline{\underline{N}}' = \begin{bmatrix} n_{11} & & & n_{1d} \\ 1\,n_{21} & 1\,n_{22} & ... & 1\,n_{2d} \\ 2\,n_{31} & 2\,n_{32} & ... & 2\,n_{3d} \\ \vdots & \vdots & & \vdots \\ d\text{-}1\,n_{d1} & d\text{-}1\,n_{d2} & ... & d\text{-}1\,n_{dd} \end{bmatrix}$$

6.8 Zusammenfassende Bemerkungen zur Freiformflächenmessung

In den vorangegangenen Kapiteln wurden schnelle Berechnungsverfahren für die polynomale Beschreibung von Freiformflächen aufgezeigt. Es wurde ein Abriß gegeben, wie diese Verfahren (Bezier, B-Spline und LIS) bei unterschiedlichen Punktverteilungen und Mengen wirken und welchen Einfluß diese auf die Formbildung haben.

Aus den dargestellten Bildern geht hervor, daß es kein ausschließlich bestes Verfahren gibt. Jeder der aufgezeigten Algorithmen hat einen speziellen Einsatzbereich, in dem er der jeweiligen Flächenabbildung am besten gerecht wird. Die Verfahren ergänzen sich.

Dies stellt selbstverständlich einen Anwender vor größere Probleme, als bei prismatischen Körpern. Dort wählt er das Formelement und verteilt die Meßpunkte nach einer günstigen Strategie. Hier hat er ergänzend zur Meßpunkt- verteilung das geeignete Verfahren auszuwählen. Eine Klassifizierung von Flächen hinsichtlich anzuwendender Verfahren, ähnlich wie die der Regelgeometrien, ist nur eingeschränkt möglich und bedarf viel Erfahrung.

Hilfestellung soll ihm das entwickelte Meßmodul bieten. Mit diesem kann er Berechnungsverfahren parallel auswählen und deren Einfluß beobachten. Das günstigste Ergebnis kann er weiter verfolgen.

Bei der vorliegenden Arbeit hat sich herausgestellt, daß ausschließlich durch die Kombination eines grafischen Systems mit einem Koordinatenmeßgerät eine Freiformflächenmessung möglich ist. Nur so können Fehlberechnungen erkannt und unzureichende Meßstrategien vermieden werden. Die Visualisierung der berechneten Fläche und die gut/schlecht-Entscheidung des Meßtechnikers sind notwendig, vollständige Automatisierung kann derzeit nicht erreicht werden. Als grafisches System wurde ein offenes CAD-System verwendet. Auf die vorhandene Funktionalität konnte aufgebaut werden.

Parallel zu dieser Arbeit entstanden zwei industrielle Meßmodule für Freiformflächen, die sich durch die Algorithmen und die Vorgehensweise unterscheiden. Es sind dies das DEA-System SURFER unter Verwendung eines CAD-Systems und das ZEISS-System HOLOS mit einem eigenen Grafiksystem.

Die hier verfolgte Aufgabe bestand nicht darin, in Wettbewerb zu diesen Systemen zu treten. Vielmehr waren Probleme der eingesetzten Verfahren aufzuzeigen und damit hilfreiche Ergänzungen zu liefern.

Die Resultate der vorliegenden Arbeiten verstehen sich als Untersuchungsinstrument für Meßstrategien und Verfahren. Anwendung fanden sie bereits in einer industriellen Applikation.

Entwicklungen der Zukunft werden insbesondere anderen Parametrisierungsverfahren als möglicherweise auch anderen Formen der mathematischen Abbildung von gemessenen Punktmengen zu Flächen im CAD-System gewidmed sein.

Weiterhin müssen zukünftige Anwendererfahrungen in das Meßmodul einfließen, das bislang auf einer Anwenderwunschliste und auf Entwicklererfahrung beruht. Die Geräteunabhängigkeit durch die Nutzung genormter Schnittstellen machen es möglich, die beschriebene Funktionalität zu ergänzen oder in jedes andere offene CAD-System mit geringem Aufwand zu integrieren.

7 Zusammenfassung

Es besteht ein großer Bedarf an rechnerunterstützten Systemen zur automatisierten Qualitätskontrolle von Produkten. Ein großes Feld ist dabei die Koordinatenmeßtechnik mit mannigfachen Anwendungsmöglichkeiten in vielen Bereichen der Industrie. Fertigungsmeßtechnik wurde in vergangenen Jahrzehnten in der industriellen Praxis meist mit einfachen Meßmitteln und so natürlich sehr eingeschränkt betrieben. Heute stehen taktile als auch berührungslose Sensorsysteme für die Geometriemessung zur Verfügung, die es erlauben, eine nahezu beliebig dichte Menge von Meßpunkten auf Regelgeometrien oder Freiformflächen zu erfassen. Rechnerverbunde erlauben, die Datenerfassungssysteme einerseits mit CAQ-Systemen und andererseits mit Fertigungsmaschinen, etwa Fräsmaschinen, zu koppeln. Wesentlich dabei ist jedoch nicht nur der so mögliche Datenaustausch sondern auch die wechselseitige Kontrolle und Beeinflussung der gekoppelten Systeme. Das Instrumentarium für einen weiten Einsatz ist also vorhanden, derzeit fehlen meist jedoch noch Softwaresysteme mit denen man sich in kommunikativ einfacher Form dieser komplexen Technik bedienen kann.

Hierzu leistet vorliegende Arbeit einen Beitrag. Sie befaßt sich mit einem speziellen Problem der Koordinatenmeßtechnik, der Meßstrategie zur Oberflächenerfassung und der Meßdatenverarbeitung.

Bei der Koordinatenmeßtechnik werden Oberflächenkoordinaten eines Prüflings mit einem Sensor ertastet und aus ihnen mit geeigneten Verfahren vollständige Modelle erzeugt. Die Güte der Ergebnisse der Berechnungen hängen sehr wesentlich von der Meßstrategie ab. Meßstrategie heißt dabei, Vorgabe der Meßpunkte in Anzahl und Lokalisierung auf dem Prüfling.

Einen weiteren Einfluß auf das Ergebnis übt das mathematische Verfahren aus, mit dem die Form berechnet wird. Mathematik und Meßstrategie können nicht getrennt voneinander betrachtet werden. Sie stehen in einem funktionalen Verhältnis zueinander. Die Meßstrategie muß auf die Form und die Algorithmen abgestimmt sein.

Auf der Grundlage von hier entwickelten Algorithmen zur Berechnung der prismatischen Körper Zylinder und Kegel, sowie für freigeformte Flächen werden in der vorliegenden Arbeit Meßstrategien verglichen. Als Empfehlung für die Meßtechnik werden Punktverteilungen und Punktmengen vorgeschlagen, die sich bei den vorgestellten mathematischen Verfahren als vorteilhaft erwiesen haben.

Speziell werden Meßstrategien für prismatische Formen, als Beispiel für Regelgeometrien, betrachtet, deren Oberflächen für die Messung nur partiell zugänglich sind. Geometrien dieser Art kommen in der industriellen Meßtechnik sehr häufig vor. Trotz der Einschränkung des Meßbereichs wird in der Praxis den berechneten Werten die gleiche Aussagekraft zugeordnet wie bei der Vermessung vollausgebildeter Elemente. Dies widerspricht den mathematischen Voraussetzungen, die eine Punktverteilung auf der vollständig ausgeprägten Form verlangen. Die Arbeit zeigt, welchen

Einfluß diese Vorgehensweise auf die Resultate hat; der durch die Verletzung der mathematischen Voraussetzungen entstehende Fehleranteil des Meßergebnisses übersteigt bei kleinen Meßsegmenten wesentlich den Fehleranteil, der gerätetechnisch bedingt ist.
Der Meßtechniker sollte in diesen Fällen prüfen, ob er ergänzend alternative Meßmittel, z.B. Lehren einsetzen kann.

Freiformflächen sind meßtechnisch aufwendiger zu behandeln als Regelgeometrien. Meist werden sie aus Gründen der Genauigkeit aus einer Vielzahl kleinerer Flächensegmente zusammengesetzt. Die Aufteilung in die Segmente ist heutzutage automatisch nicht durchführbar. Sie ist vom Meßtechniker vorzunehmen. Die Segmente haben meist keine sichtbaren Randbegrenzungen auf der Form. Eine Zuordnung von Meßpunkten zu den Segmenten fällt daher schwer. In dieser Arbeit wurde eine komfortable Verfahrensmethode für die Freiformflächenmessung entwickelt. Die Methode ist interaktiv mit CAD-Unterstützung.

Für die Berechnung von Freiformflächen werden drei mathematische Verfahren diskutiert. Es wird an einem Beispiel exemplarisch gezeigt, wie sich Meßpunktlage und -anzahl auf die jeweils berechnete Form auswirken. Dabei kommt deutlich zum Ausdruck, daß es kein Standardverfahren zum Messen von Freiformgeometrien gibt.

Eine vollständige Automatisierung ist schon aus diesem Grund nicht in Sicht. Zwar könnte man sich überlegen, wie Rechner Auswahl von Verfahren und Meßstrategien eigenständig übernehmen, mit den heutigen Systemen würde dabei aber jeder sinnvolle zeitliche Rahmen für die Berechnung gesprengt. Es sind reizvolle Aufgaben für die Zukunft, diesen Mangel durch entsprechende mathematische Überlegungen zu beheben. Erste Ansätze sind in Sicht. Verfahren der Mustererkennung, erprobt etwa bei der Bildverarbeitung, bieten sich an für eine automatische Segmentierung und Meßpunktverteilung. Ergebnisse sind aber erst in ein paar Jahren zu erwarten.

8 Literaturverzeichnis

[1] Wäldele, F.   Ein Beitrag zur Berechnung der Meßunsicherheit und Optimierung von Meßstrategien in der Koordinaten-Meßtechnik.
Dissertation RWTH Aachen, 1982

[2] N.N.   DIN-Entwurf 32 880, Teil 1
Koordinatenmeßtechnik;
Geometrische Grundlagen und Begriffe

[3] Schwerz, M.   Formprüfung auf Mehrkoordinatenmeßgeräten.
VDI-Bericht 378 (1980), S. 77 - 83

[4] Lotze, W.
Jakisch, U.V.   Prüfung von Form- und Lageabweichungen auf Koordinaten-Meßgeräten.
Vortrag Oberflächenkolloquium, Dresden, März 1980

[5] Wirz, A.
Ackermann, J.   Halbautomatisches Messen von Wellen.
VDI-Z, Bd. 120 (1978)

[6] Glaser, K.
Schüßler, H.-H   Erfassung, Darstellung und Auswertung der Zylinderformabweichung mit einem Vierkoordinatenmeßgerät.
VDI-Bericht 378 (1980)

[7] Lotze, W.
Teichmann, U.   Einfluß von Gestalt- und Lageabweichungen auf die Unsicherheit der rechnergestützten Koordinatenmessung.
Feinwerktechnik 25 (1976)

[8] Trumpold, H.   Zur Tolerierung und Messung von Gestaltabweichungen.
Feingerätetechnik 29 (1980)

[9] Geise, G.   Geometrische Aspekte bei Ausgleichsproblemen in der Koordinatenmeßtechnik.
Feingerätetechnik 29 (1980)

[10] Strelow, H.-P.   Ermittlung der optimalen Anzahl und Lage von Meßpunkten zur Einpaßberechnung des Standardformelements Zylinder mit Hilfe eines Simulationsprogramms.
Studienarbeit am IFF der Universität Stuttgart, (1987)

[11] Schipke, S.   Ein spezielles Verfahren zur Ermittlung eines Ausgleichskegels.
Wissenschaftliche Zeitschrift, Heft 5, TU Dresden (1979)

[12] Seidling, R.   Untersuchungen zur optimalen Meßstrategie des
                             Formelements *Kegel*.
                             Diplomarbeit am IFF der Universität Stuttgart, (1987)

[13] Wanner, J.   Formprüfung mit Koordinatenmeßgeräten.
                             QZ 32 (1987), Heft 10

[14] N.N.   ISO 5459

[15] Lenz, J.   Qualitätssicherung durch Berechnung der
                             Aussagewahrscheinlichkeit bei der Messung von Form-
                             und Lageabweichungen.
                             VDI-Z 120 (1978) Nr. 21 - November

[16] Lotze, W.   Taylorscher Grundsatz -
     Glaubitz, W.   Grundlage für das Prüfen im Austauschbau
                             Feingerätetechnik 29 (1980)

[17]   DIN 4760; Begriffe für die Gestalt von Oberflächen

[18] Trumpold, H.   Tolerierung und Messung von Gestaltabweichungen aus
                             funktioneller und fertigungstechnischer Sicht.
                             Feingerätetechnik 37 (1988)

[19] Warnecke, H.J.   Fertigungsmeßtechnik; Handbuch für Industrie und
     Dutschke, W.   Wissenschaft.
                             Springer-Verlag: Berlin Heidelberg (1984)

[20] Wollersheim,H.R.   Theorie und Lösung ausgewählter Probleme der Form-
                             und Lageprüfung auf Koordinatenmeßgeräten
                             VDI-Verlag 1984; Fortschritt Berichte VDI-Z R.8 Nr.78

[21] Breyer, K.H.   Längenmeßunsicherheit.
                             VDI-Berichte Nr. 378, 1980

[22] Autorenkollektiv   Zur Genauigkeit von Mehrkoordinaten-Meßgeräten und
                             deren Überprüfung.
                             Ein Bericht aus dem VDI/VDE-GMR-Fachausschuß
                             "Mehrkoordinaten-Meßtechnik".
                             VDI-Z 1980, Heft 13

[23] Bambach, M.   Bestimmung der Antastunsicherheit elektronischer
     Fürst, A.   3-D-Tastsysteme.
                             VDI-Berichte Nr. 378, 1980

[24] Roggenwallner, M.   Untersuchung der Häufigkeitsverteilung von
                             Maßabweichungen an geschmiedeten Werkstücken mit
                             einem Koordinatenmeßgerät.
                             Studienarbeit am IFF der Universität Stuttgart, (1987)

[25] Capitaine, B.   Untersuchung der Fehlerverteilungsfunktion eines
                            Koordinatenmeßgerätes.
                            Studienarbeit am IFF der Universität Stuttgart, (1987)

[26] Lotze, W.   Genauigkeit und Prüfung von Koordinatenmeßgeräten.
     Teichmann, U.   Feingerätetechnik, Berlin 35 (1986)

[27] Loebnitz, D.   Untersuchungen zur Form- und Lageprüfung mit
                            Hilfe von Mehrkoordinatenmeßgeräten.
                            Dissertation RWTH Aachen, 1982

[28] Bosch, K.   Elementare Einführung in die
                            Wahrscheinlichkeitsrechnung.
                            Vieweg-Verlag, 1979

[29] Bosch, K.   Angewandte mathematische Statistik.
                            Vieweg-Verlag, 1976

[30] Sachs, L.   Angewandte Statistik.
                            Springer-Verlag: Berlin Heidelberg 1984

[31] Runge, C.   Vorlesungen über Numerisches Rechnen.
     König, H.   Springer Verlag: Berlin 1924

[32] Kötter, W.   Punktweises Formprüfen auf einem Mehrkoordinaten-
     Lang, B.   meßgerät am Beispiel der Ebene und des Kreiszylinders.
                            Studienarbeit am IFF der Universität Stuttgart, (1974)

[33] Nowacki, H.   Zur Methodik der Flächenmodellierung.
                            Referat zur Tätigkeit des SFB 203, Teilprojekt A2 der
                            Universität Berlin

[34] Creutz, G.   Kurven- und Flächenentwurf aus Formparametern mit
                            Hilfe von B-Splines.
                            Dissertation an der TU Berlin 1977

[35] Grätz, J.-F.   Modellalgorithmen zur dreidimensionalen
                            Geometriefestlegung komplexer Bauteile mit beliebigen
                            Flächenbegrenzungen in der rechnerunterstützten
                            Konstruktion.
                            Dissertation an der Ruhr-Universität Bochum (1983)

[36] Seeland, H.   Freiformflächen in der CADCAM-Anwendung.
                            Vortrag am CADCAM-Labor des
                            Kernforschungszentrums Karlsruhe (1988)

[37] Grieger, I.   Graphische Datenverarbeitung, Mathematische Methoden.
                            Springer Verlag: Berlin Heidelberg 1987

[38] Encarnacao, J.　　　Computer Graphics.
　　　Straßer, W.　　　　R. Oldenbourg Verlag München Wien 1986

[39] de Boor, C.　　　　A Practical Guide to Splines.
　　　　　　　　　　　　Springer-Verlag New York Heidelberg Berlin 1978

[40] Cohen, E.　　　　　General Matrix Representation for Bezier and B-Spline
　　　Riesenfeld, R.F.　Curves.
　　　　　　　　　　　　North-Holland Publishing Company,
　　　　　　　　　　　　Computers in Industry 3 (1982) S. 9-15

[41] Seifert, H.　　　　 Der Computer im Mittelpunkt von Forschung und Lehre.
　　　　　　　　　　　　CAE-Journal 5/86

[42] Hoppe, U.　　　　　Erstellung eines FORTRAN-Programmes zur
　　　　　　　　　　　　Approximation von Freiformflächen mit lokal
　　　　　　　　　　　　interpolierenden Splines.
　　　　　　　　　　　　Diplomarbeit am IFF der Universität Stuttgart, (1987)

[43] Pfeifer, T.　　　　 Lageprüfung an Freiformkurven und -flächen in der
　　　von Hemdt, A.　　 Koordinatenmeßtechnik.
　　　　　　　　　　　　Technisches Messen tm 56 (1989) S. 17-22

[44] Bronstein,　　　　　Taschenbuch der Mathematik.
　　　Semendjajew　　　　Harri Deutsch Verlag, Zürich und Frankfurt/M
　　　　　　　　　　　　13. Auflage

[45] Schmidt, G.　　　　 Simulationstechnik.
　　　　　　　　　　　　R. Oldenbourg Verlag München Wien 1980 S.106 ff

[46] vom Hemdt, A.　　　 Idealgeometrische Ersatzelemente für Standard-
　　　Pfeifer, T.　　　　 Meßaufgaben.
　　　　　　　　　　　　VDI Berichte Nr. 751, 1989

[47] Heinrichowski, M.　 Normgerechte und prüfzielorientierte Auswerteverfahren
　　　Weckenmann, A.　　 für Standard-Formelemente.
　　　　　　　　　　　　VDI Berichte Nr. 751, 1989

[48] Drieschner, R.　　　Test von Software für Koordinatenmeßgeräte mit Hilfe
　　　　　　　　　　　　simulierter Daten.
　　　　　　　　　　　　VDI Berichte Nr. 751, 1989

[49] Garbrecht, Th.　　　Form- und Lageprüfung mit Mehrkoordinaten-
　　　　　　　　　　　　meßgeräten.
　　　　　　　　　　　　DFG-Abschlußbericht WA 270/105-1, (1987)

[50] N.N.　　　　　　　　VDA-Flächenschnittstelle, Version 2.0
　　　　　　　　　　　　Verband der Automobilindustrie e.V. (VDA)
　　　　　　　　　　　　Frankfurt, Stand 01.07.86

[51] Garbrecht, Th. u.a. Entwurf einer Schnittstelle. Datenaustausch zwischen CAD-Systemen und Koordinatenmeßgeräten für das Messen von Freiformflächen – Teil eines EUREKA-Projekts wt Werkstattstechnik 79, (1989)

[52] Garbrecht, Th. Roth, S. Strategien für das Messen von Freiformflächen. VDI-Berichte Nr. 751, (1989) und Vortrag auf dem Aussprachetag Koordinatenmeßtechnik in Veitshöchheim b. Würzburg am 31.5.89

[53] Garbrecht, Th. Messen von Freiformflächen. Vortrag an der Technischen Akademie Wuppertal, Seminarnummer 123168, (1988)

[54] Garbrecht, Th. Messen freigeformter Flächen. Handbuch Qualitätstechnik, mi verlag moderne industrie, (1988)

[55] Eberle, F. Erstellung eines Moduls zur Berechnung von Freiformflächen aus diskreten Punktkoordinaten. Studienarbeit am IFF der Universität Stuttgart, (1988)

[56] Eberle, F. Digitalisieren von Freiformflächen mit Hilfe eines Koordinatenmeßgerätes und eines CAD-Systems. Diplomarbeit am IFF der Universität Stuttgart, (1989)

Lebenslauf

Persönliches:	Thomas Garbrecht, geboren am 7. Februar 1956 in Hamburg verheiratet seit 5.5.1978 mit Dagmar Garbrecht, geb. Elverfeld. Kinder: Oliver, Katrin und Joachim Garbrecht
Schulausbildung:	1962 - 1963 Volksschule Essen 1963 - 1966 Volksschule Niederwenigern/Ruhr 1966 - 1968 Gymnasium Hattingen/Ruhr 1968 - 1972 Realschule Hattingen/Ruhr Abschluß: mittlere Reife 1972 - 1974 Fachoberschule Hattingen/Ruhr Fachrichtung Maschinenbau Abschluß: Fachhochschulreife
Studium:	Oktober 1974 - Februar 1979 Maschinenbaustudium an der Fachhochschule Aalen Abschluß: Ing.(grad.) Oktober 1979 - Dezember 1984 Studium der technischen Kybernetik an der Universität Stuttgart Vordiplom: September 1981 Abschluß: Dipl.-Ing.
Berufstätigkeit:	102 Wochen praktische Tätigkeit in fünf verschiedenen Unternehmen des Maschinen-, Anlage- und Fahrzeugbaus Januar 1985 - Dezember 1985: Angestellter der Firma Thyssen Schmiedetechnik Remscheid Bereich: CAD/CAM/CAQ Januar 1986 - Juli 1990: Wissenschaftlicher Mitarbeiter am Fraunhofer-Institut für Produktionstechnik und Automatisierung in Stuttgart und Institut für Industrielle Fertigung und Fabrikbetrieb der Universität Stuttgart. Leiter beider Institute: o. Prof. Dr.-Ing. H.-J. Warnecke seit August 1990: Lehrer an der Fachhochschule für Technik Esslingen im Fachbereich Maschinenbau-Fertigungssysteme

MIX
Papier aus verantwortungsvollen Quellen
Paper from responsible sources
FSC® C105338

If you have any concerns about our products,
you can contact us on
ProductSafety@springernature.com

In case Publisher is established outside the EU,
the EU authorized representative is:
Springer Nature Customer Service Center GmbH
Europaplatz 3, 69115 Heidelberg, Germany

Printed by Libri Plureos GmbH
in Hamburg, Germany